marché

编织大花园 2

日本宝库社　编著

风随影动　译

青春派的春夏
时尚小物

春风吹去厚厚的冬衣，心情变得明朗轻快起来，爱美的心思和灵巧的双手又有了青春的冲动。

将温暖的毛线收拾起来，使用亚麻线或是棉线，来体验清爽的手编的感觉吧。

简单的衣服、披肩、围巾、帽子、手提包，可以编入一闪一闪的串珠，也可制作首饰，抑或做个小小的蕾丝编织物也不错。

这里汇集了许多款推荐给大家编织的作品，希望大家能喜欢并尝试编织、多多地使用。

河南科学技术出版社

·郑州·

目 录

Contents

等针直编，简单、可爱！
外出服和小配饰

让我们来编织春夏外出时常用的时尚织物吧。
无须加减针的等针直编，非常简单，
但却可以编织出耐穿、实用的衣服和小配饰。

摄影：Miyuki Teraoka 设计：Kana Okuda(Koa Hole) 发型及化妆：Yuriko Yamazaki 模特：Haruna Inoue

围巾领式马甲

将编织的T字形的织片像折纸一样折叠后
就可以成为方便穿着的马甲
简单地搭在外面，就有不同的风格
法国亚麻线光滑的触感也是特别之处

设计 / SUGIYAMATOMO
制作方法 / 70页
使用线 / Pont du Gard

back style

能够遮住上臂，尺寸非常宽松。

4

竹篮花发带

可以紧紧地束住头发，
实用而又漂亮。
看起来像是由许多细绳编成的，
是非常新颖的设计。

设计 / SUGIYAMATOMO
制作方法 / 73页
使用线 / Mulberry

精致的丝线，给平淡的日常生活带来了一丝
奢华的感觉。

祖母手提包

这个小小的手提包
是使用了可以多次重复利用的麻线钩织而成的。
在夏日的阳光下十分耀眼的鲜艳颜色
可以作为搭配中的亮点。
从正方形的织片上挑针，
即可制作出蓬松、立体的形状。

设计 / SUGIYAMATOMO
制作方法 / 71页
使用线 / Wild life

两穿裙式吊带背心

这件吊带背心上大片的菠萝花样给人留下
了深刻的印象。
如裙摆一般飘动的下摆，
给衣服增添了动感和活力。
使用剩余的线制作的胸花也是一大亮点。

设计／钓谷京子
制作方法／72页
使用线／Tours

无论是穿成前开口还是
后开口都可以。门襟的
上部是使用小纽扣系在
一起的。

arrange style

《嬉嬉》

将纽扣部分转至肩部，
就可以穿出披风的感觉
了。

arrange style

当然，也可以穿出普通的披肩的感觉。

呼噜
呼噜

一款多穿的披肩

由于使用了滑爽的扁带子线进行编织，
即便是宽大的尺寸，也会非常轻巧。
整齐地排列着的菱形镂空花样，能够给人留下深
刻的印象。
缝上纽扣，就可以有更多的穿法了。

设计 / ucono
制作方法 / 74页
使用线 / SCILLA

防晒袖套

许多人夏天都喜欢戴袖套来防晒，
所以推荐使用手感好的丝线来编织。
以手腕为分界，编织了两种不同的花样，
带子与纽扣的设计是这件作品的亮点。

设计 / ucono
制作方法 / 73页
使用线 / Julien

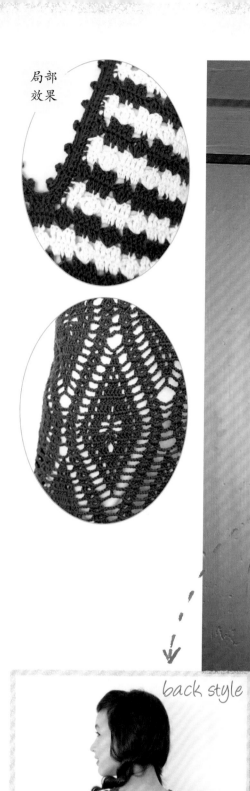

局部
效果

back style

海军风修身长上衣

这件海军风的夏日基本款，
在休闲的感觉之上，更增添了一丝女人味。
意大利产的棉线，
柔软而又舒适。

设计／冈本启子
制作／宫本宽子
制作方法／76页
使用线／Cotton Soft

一字领宽松披风

虽然只是将两大块长方形组合在一起，
但穿上后却会自然下垂，形成漂亮的起伏边缘。
花样所形成的纵向波浪线条，令人印象深刻。
糖豆般的4色线结，
给整体带来了可爱的感觉。

设计 / 冈本启子
制作 / 宫崎满子
制作方法 / 75页
使用线 / Framboise

局部
效果

连肩袖披肩

这件作品是由镂空花样与锯齿花样组合而成的，
仿佛排列着一片片的小树叶，十分可爱。
从等针直编的身片部分挑针，
编织了筒状的袖子，
从而完成了连肩袖披肩。

设计 / KANNONAOMI
制作方法 / 77页
使用线 / Mulberry

front style

由于领边与袖口使用了
罗纹针，所以虽然只是
披肩，却有上衣的感觉。

蕾丝修身无袖裙

使用细亚麻线钩织而成的纤细的花样
十分漂亮。
适合崇尚自然风格的人穿着，
也适合喜欢休闲风格的人穿着。
亚麻线不但拥有独特的清凉感，
其柔顺手感也令人爱不释手。

设计 / 川路由美子
制作 / 桂木里美、馆野加代子
制作方法 / 78页
使用线 / Tours

局部
效果

啊哈哈

作品中使用的线

Framboise
棉70%、腈纶25%、
锦纶5% 全6色
40g/团，约110m 粗

Julien
真丝95%、金银丝线（涤纶）5%
全10色 40g/团，约176m 中细

Tours
麻（亚麻）100% 全8色
30g/团，约105m 中细

Pont du Gard
麻（法国亚麻）100%
全12色 40g/团，
约172m 细~中细

Cotton Soft
埃及棉100% 全20色
50g/团，约180m 中细

SCILLA
埃及棉100% 全13色
50g/团，约110m 粗~中粗

Wild life
指定外纤维（大麻） 全19
色 100g/桄，约110m 中粗

Mulberry
真丝100% 全11色
50g/桄，约125m 中细~粗

手编物百变穿搭推荐

好不容易编织完成，却不知道该怎么搭配才好……就是为了有这样困惑的你，
我们介绍本书中作品的多种搭配方法。
多编织几件，进行灵活的搭配吧！

摄影：Miyuki Teraoka　设计：Kana Okuda(Koa Hole)　发型及化妆：Yuriko Yamazaki　模特：Haruna Inoue

P.7防晒袖套
＋
P.27小花穗饰的三角披肩
这是亮黄色的开衫、
印花短裙
和高跟鞋的搭配。
搭配了与短裙颜色相近的小物件，
所以整体看起来有统一的感觉。

coordinate2

coordinate1

P.15带有亮线的遮阳帽
＋
P.5祖母手提包
无袖的连衣裙与帽子的组合，
是夏日的清爽风格。
祖母手提包的鲜艳颜色，
成为搭配的亮点。
为了不显得过于张扬，
搭配了袜子与中性皮鞋。

coordinate3

P.5竹篮花发带
＋
P.9一字领宽松披风
在薄款的针织衫的外面
套上了宽松的编织衫。
带有春天气息的粉色九分裤
加上纯白色的圆头鞋，
给人以轻快的感觉。
由于上半身的搭配有一些复杂，
所以选择了简洁的鞋子。
虽然是比较随性的搭配，
但还是充满了女人味。

coordinate6

P.14自然风大檐帽
+
P.28花片连接的三角披肩

这是以带有可爱图案的连衣裙为主角的
简约搭配。
大檐帽和花片披肩
与什么都能够很好地搭配，
并且可以一下子提高时尚度。
推荐给大家哦。

coordinate4

P.26长围巾
+
P.19海军风贝雷帽

与短裤和皮靴搭配在一起
给人极为青春的感觉。
这是以清爽的围巾为主角的
适合春天的搭配，
再加上藏青色的贝雷帽的点缀，
时尚感十足。

coordinate7

coordinate5

P.7一款多穿的披肩
+
P.42褶皱饰边项链

在纯白色的衣服上
搭配了粉色的披肩和
饰边项链，
充满了女人味。
个性而又可爱的项链
成为搭配的亮点。

P.29一款三用的围脖
+
P.17两用麂皮流苏手拿包

白色的衬衫与紧身裙
搭配了带有金属链的手拿包，
给人以成熟的感觉。
镂空花样的围脖，
看起来非常干练。

Summer
hut&ba

自由地组合颜色和小物件！

夏日的遮阳帽
和包包

下面要为大家介绍的是，
使用同一张编织图，
仅通过改变帽檐的宽度，
或是改变手提包提手的位置，
来编织出不同的样式的方法。

自然风大檐帽

带有草帽感觉的大檐帽，
其优雅的垂坠感非常有魅力。
侧面加入的镂空花样非常有特点。
宽宽的帽檐还可以很好地遮阳。

设计／钧谷京子
制作方法／80页
使用线：和麻纳卡 ECO ANDARIA

花片中间留了一个孔，可以
自由地系在纽扣上或是摘下
来。

变换不同
的配饰
arrange

1 侧面使用了锁针钩织的细绳和花朵花
片进行装饰。 2 可以将花片拿开，单独
的蝴蝶结也很好看。 3 这是使用蓝色的
亚麻线钩织的花片。可以根据不同的衣服
钩织不同颜色的花片。

摄影：Miyuki Teraoka
设计：Kana Okuda(Koa Hole)
发型及化妆：Yuriko Yamazaki
模特：Haruna Inoue
撰文：Sanae Nakata

Lace&Ribbon hut

蕾丝蝴蝶结遮阳帽

这是适合在散步的时候使用的，
带有蕾丝的，充满了女人味的帽子。
减少大檐帽中帽檐钩织的行数，
就变成了清爽的帽子。
设计的亮点是，在边缘加入了锁针钩织的饰边。

设计／钓谷京子
制作方法／80页
使用线／和麻纳卡 ECO ANDARIA

帽身选用了蕾丝饰带，很有女人味。使用蕾丝饰带
折叠成蝴蝶结后，与纽扣缝在一起。

把帽檐变窄

改变帽檐
的宽度
arrange

稍稍缩小帽檐的宽度

带有亮线的遮阳帽

在保留优雅的垂坠感的同时，
为了显得更加轻巧，
将大檐帽的帽檐部分的行数减少了6行，
还将帽身的装饰换成了亮色的线。
变化后，帽子给人的感觉是简约而又成熟。

设计／钓谷京子
制作方法／80页
使用线／和麻纳卡 ECO ANDARIA

Bright line hut

14、15页作品中使用的线

和麻纳卡 ECO ANDARIA
是用从木纸浆中提取的天然纤维制成的，十分
环保的100%人造丝线。若变脏了，可以干洗。
全52色　40g/团，约80m

Border hut

彩色条纹礼帽

这是一项使用了4种颜色的细线条组成的
中性风礼帽。
由于使用了具有光泽和弹性的线，
所以钩织出来的帽子看起来很华丽。
与短裤搭配在一起是不错的选择。

设计 / 松井美雪
制作方法 / 79页
使用线 / MARCHEN–ART MARCHEN ROSETTA
CORD

变换
装饰
arrange

帽身装饰上小花也非常
可爱。做成别针的形式，
还可以装饰在衣服上，
从而营造出套装的感觉。

使用一样的线钩织的蝴
蝶结，增加了甜美的感
觉。由于帽子使用的颜
色较多，所以装饰物要
小一些。

金属链两头带有钩扣。
卸下金属链之后，肩包
就变成了手拿包，十分
方便。

使用剩余的线制作了流
苏，并使用金属串珠进
行了装饰。在线头处增
加了重量，晃动起来非
常好看。

Clutch bag

两用麂皮流苏
手拿包

金属链是可以拆卸的，
因此可以有两种使用方法。
使用了麂皮绳钩织，给人以高贵的感觉。
包包主要使用短针，
只有包盖部分的针法有一些变化，
所以钩织起来十分简单。

设计 / 松井美雪
制作方法 / 83页
使用线 / MARCHEN-ART MARCHEN SUEDE

弹片口金
迷你包

花朵般的连续花样的织片
加上黄、蓝色的配色，
组合出了怀旧的感觉。
作为包中包使用也不错，
是带有提手的小巧实用的设计。

设计 / Ha-Na
制作方法 / 81页
使用线 / DARUMA HEMP STRING

变换
提手
arrange

在缎带外面缠绕了蕾丝的甜美风版本。取下提
手，做手拿包也不错。

Mini bag

单提手小袋

使用了钩针编织中拉针交叉的方法，
让织片呈现出了立体的感觉。
将它挂在包包的提手上，
就可以解决包包上没有方便的口袋的难题了。

设计 / Ha-Na
制作方法 / 82页
使用线 / MARCHEN-ART MANILA HEMP YARN

变换
颜色
arrange

推荐大家使用鲜艳的颜色的线钩
织，从而成为自然风手提包的亮点。

One handle pouch

海军风贝雷帽

略深的藏青色，是经典的海军风的颜色，
非常适合搭配出夏日的成熟感觉。
帽口的白色给整体带来了清爽的味道，
也让帽子有了可爱的形状。
此款帽子舒适而又时尚。

设计 / Ha–Na
制作方法 / 84页
使用线 / 和麻纳卡 FLAX C

Marine beret

变换
颜色
arrange

薰衣草色与亚麻服装也
能很好地搭配在一起。
搭配白色的线也很漂
亮，从初春开始就能戴
了。

变化的枣形针花样和松叶针
花样组成了条纹，镂空的织
片别有韵味。

饰有彩色圈圈链的口金包

这款有着不规则粗细的条纹的手提包，
让人看到就有出门的兴致。
由于钩织的都是紧致的短针，
所以不需要加里袋。
摘下的圈圈链还可以作为首饰佩戴。

设计／越膳夕香
制作方法／86页
使用线／和麻纳卡 亚麻线

十分方便的内置口袋，缝合正方形的织片
时，注意不要在正面露出针迹。

Gamaguchi bag

变身为
挎包

arrange

将金属链换为皮质长包带，就可以
在行李很多的旅行中派上用场啦。
将圈圈链垂在正面也很好看。

变身为首饰

arrange

使用短针环形钩织而成的圈圈链，
还可以作为手链和项饰使用。

方形花片
手提包

优美的橘粉色、原白色的花片排列在一起，
组成了像花海一样的织片。
将圆润的藤编提手缝在包口，
自然而又富有春天气息的手提包就制作完成了。

设计 / pear
制作方法 / 85页
使用线 / 和麻纳卡 亚麻线

绿色和原白色的配色也很清爽。不
会过于甜美，适合平时携带。

Handbag

淡淡的复古风

怀旧的
蕾丝编织

蕾丝编织物，可爱、浪漫，而又有令人怀念的味道，
它在不知不觉中装饰着美好的生活。
让我们试着来编织小小的蕾丝编织物吧。

摄影：Yukari Shirai 设计：Akiko Suzuki

Nostalgic Lace

圆形饰垫

纤细的花样很受女孩子喜爱。
不需要太难的编织方法，
就可以钩织出这么可爱的饰垫。

设计／川路由美子
制作方法／102页
使用线／和麻纳卡 WASH COTTON<CROCHET>

Doily

中间部分变身为
杯垫

只钩织一部分时，可以成为杯垫。很适合垫在马克杯或是夏日的清爽
饮品的下面。
使用线／和麻纳卡 WASH COTTON<CROCHET>

配色编织后变身为
果酱瓶罩

使用贴近大自然的亚麻线，并在钩织时进行了
配色。中间系上蝴蝶结，就成为亲手制作的果
酱的最好装饰。
使用线／和麻纳卡 FLAX C

花片相连的典雅台心垫

将正方形的花片以倾斜45°的方式连接，
给人以新鲜的感觉。
连接的地方也出现了可爱的花样。
花片连接的一个好处就是，
可以自由地制作自己喜欢的尺寸。

设计 / Sachiyo*Fukao
制作 / 山崎智惠
制作方法 / 101页
使用线 / 芭贝 COTTON KONA FINE

Doily

方眼针的小饰垫

使用方眼针编织出了皇冠的图案。
大量使用的爆米花针，就像是一颗颗宝石，
展现出了奢华的感觉。
也可以装裱起来作为装饰。

设计 / 笹尾多惠
制作方法 / 100页
使用线 / DMC CEBELIA #20

亚麻线装饰领

为了看起来不至于太过幼稚，
选用了银灰色的亚麻线进行钩织。
搭配上它后，可以给看起来成熟的服装
带来一丝可爱的印象。

设计 / KANNONAOMI
制作方法 / 102页
使用线 / 可乐 小小手工 法国亚麻线

Collar

扁平小包

可爱的小包是少女们的最爱。
刚好可以放入袋装面纸。
使用鲜艳的颜色钩织，让它成为手包中的亮点吧。

设计 / 梦野彩
制作方法 / 101页
使用线 / 可乐 小小手工 法国亚麻线

Flat Pouch

24

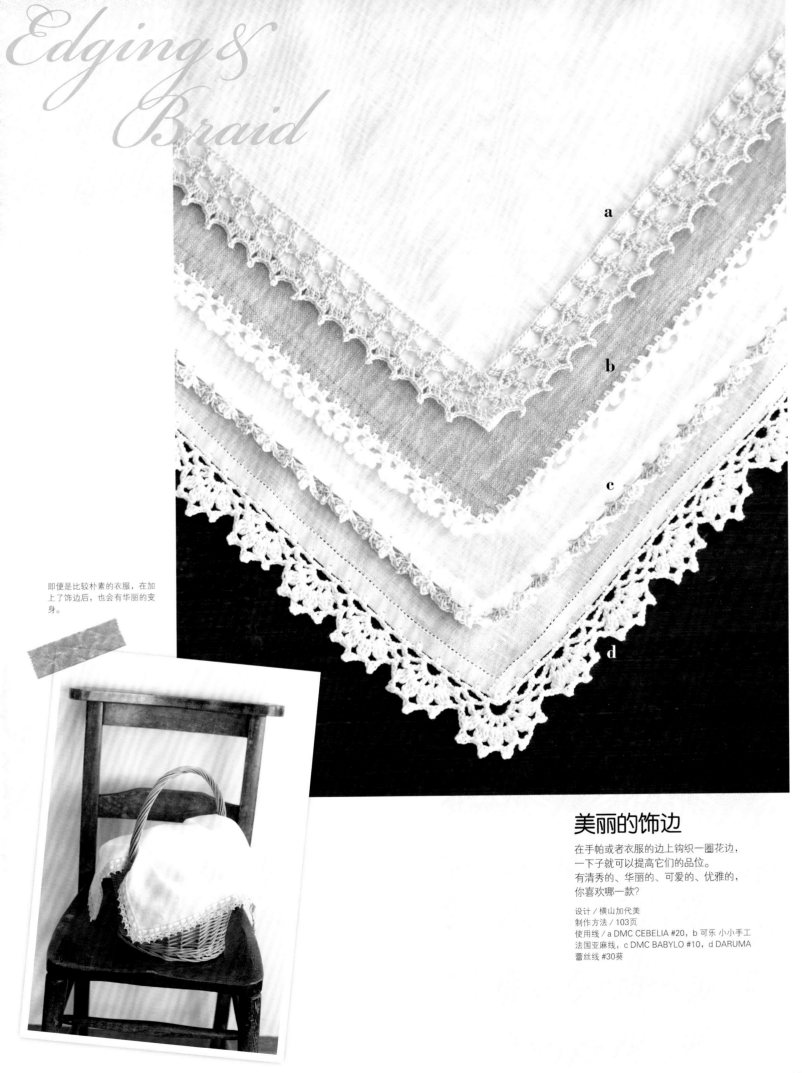

a

b

c

d

即便是比较朴素的衣服，在加
上了饰边后，也会有华丽的变
身。

美丽的饰边

在手帕或者衣服的边上钩织一圈花边，
一下子就可以提高它们的品位。
有清秀的、华丽的、可爱的、优雅的，
你喜欢哪一款？

设计／横山加代美
制作方法／103页
使用线／a DMC CEBELIA #20，b 可乐 小小手工
法国亚麻线，c DMC BABYLO #10，d DARUMA
蕾丝线 #30葵

用3团线编织的披肩和围巾

这次的主题是"用光3团线"。线的品种不同重量也会不同，有时即便是相同的重量，长度也
会不同，所以成功的关键是根据设计选择与其对应的线！

摄影：Miyuki Teraoka　设计：Kana Okuda (Koa Hole)　发型及化妆：Yuriko Yamazaki　模特：Haruna Inoue　撰文：Sanae Nakata

长围巾
和收纳袋

像是花片蕾丝一样的连续花样，
使用了纯白色的线钩织，
是品质非常好的围巾。
为了能放在手提包中携带，
还编织了配套的收纳袋。

设计／横山加代美
制作方法／90、91页
使用线／DARUMA 棉和麻 LARGE

收纳袋

将围巾折4次之后，刚
好可以放入收纳袋中。
钩织时，若将花样钩织
得紧凑一些，就会非常
好看。

主体选用了精美的镂空花样，在四周钩织了可
爱的饰边，非常甜美。

使用的线
DARUMA 棉和麻 LARGE
在手感很好的棉中加入了亚麻
和苎麻，是纯天然的线。
50g/团的大团线，可以放心地
钩织。
全13色　50g/团　约201m

三角披肩

小花花片的穗饰别具一格，是在钩织锁针时加入了引拔针而成的。

和春装搭配的话，可以轻巧地搭在肩上的尺寸是最合适的了。若隐若现的镂空的感觉也非常漂亮。

小花穗饰的
三角披肩

这件可爱的镂空花样披肩，
会让你的背影更加迷人。
从三角形的顶点开始钩织。
在扇形花样的中间加入了狗牙针，
十分独特。

设计／片山惠子
制作方法／91页
使用线／和麻纳卡 WASH COTTON

使用的线
和麻纳卡 WASH COTTON
柔软而又易于编织，并且有适度的光泽感，是一款非常有人气的线材。从小物件到服装，它的用途十分广泛。织片可以机洗。
全29色　40g/团，约102m

27

back style

从后面看起来是小小的三角形披肩。
虽说是甜美风的设计，但由于使用了
原白色的线钩织，所以很容易搭配。

这是使用蓬松的爆米花针钩织的圆形花片。带子是直接钩织在两端的花片上的。

花片连接的三角披肩

仅仅是披上，就会成为搭配的亮点。
这款有点像大大的装饰领的披肩，你喜欢吗？
主体全部是由圆形的花片
钩织连接在一起的。
带子柔柔地垂在身前也很好看。

设计 / catica
制作方法 / 89页
使用线 / 和麻纳卡 PAUME<纯棉>CROCHET

使用的线
和麻纳卡 PAUME<纯棉>CROCHET

这是一款100%纯天然有机棉的线，追求纯天然的手感及颜色。蓬松柔软的手感是它最大的魅力。
全1色　25g/团，约107m

一款三用的围脖

长长的围脖的一大好处就是
可以有不同的围法。
绕两圈的话，存在感一下子就提升了。
以网格花为基础，使用3团线，
可以钩织出足够的宽度与长度。

设计 / pear（铃木敬子）
制作方法 / 94页
使用线 / 芭贝 COTTON KONA

arrange 1

解开扣子，可以当作围巾使用。在脖子上绕一
圈后，可将两头随意地垂在胸前。

arrange 2

就像一个环一样，直接挂在脖子上，深蓝色的
纵向的线条，可以显瘦。

使用的线
芭贝 COTTON KONA
这是一款100%棉的线，具有
美丽的自然光泽，可选的颜色
也很多。线柔滑、不易断，适
合编织大的织片。
全25色　40g/团　约110m

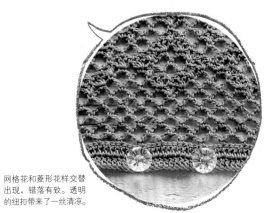

网格花和菱形花样交替
出现，错落有致。透明
的纽扣带来了一丝清凉。

在扇形花样的周围，设计了镂空花样，让二者有了很好的对比和烘托。在最后一行加入了狗牙针的边缘编织。

arrange style

像围巾一样围着也很好看。秘诀就是把胸花别在喜欢的位置。

带胸花的梯形披肩

这是使用纤细的镂空花样编织的披肩，与古典的服装搭配在一起，就成为淑女风。在两端不断增加扇形花样，最终钩织成了梯形。可以放在手提包里，随时进行搭配。

设计 / HOTTA NORIKO
制作方法 / 92页
使用线 / SKIYARN SKI LEAF

胸花

小小的胸花，与轻柔的披肩正好相配。钩织了2层花瓣，并使用串珠在中心进行了装饰。

使用的线
SKIYARN SKI LEAF

有适当的弹性和光滑的手感。由于是混色纱，即便是编织简单的织片，也能得到很好的效果。
全9色　25g/团，约116m

花朵胸针

由5层花瓣组成了立体的花朵。再加上大片的叶子，整体非常有存在感。

菠萝针花样的围巾

一共有2列大型的菠萝针花样，
是非常高端的设计。
为了让花样看起来更漂亮，
围巾钩织得较细，
并装饰上了华丽的花朵胸针。

设计／川路由美子
制作方法／93页
使用线／和麻纳卡 WASH COTTON＜CROCHET＞

简单的白色衬衫，让菠萝针花样更加显眼。

arrange style

使用的线
和麻纳卡 WASH COTTON
＜CROCHET＞

沉稳的色调以及易于编织的特性是这款可水洗线的魅力所在。适合钩针使用的线，可以容易地钩织出纤细的花样。
全27色　25g/团，约104m

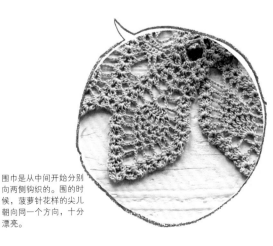

围巾是从中间开始分别向两侧钩织的。围的时候，菠萝针花样的尖儿朝向同一个方向，十分漂亮。

贴近生活的编织
我的手作故事

希望能在生活中加入手编的室内装饰、时尚小物的元素！
这次就为大家介绍两位特别喜欢钩针编织的人的漂亮的工作室。

摄影：Yuki Morimura　撰文：Sanae Nakata

story 1

gigli

tayo

她的作品以在编织中加入蕾丝、亮晶晶的装饰物为主。其独特的创作风格，十分受欢迎。她的工作以参加展览会、委托销售、开办针对初学者的编织教室为主。
http://gigliblog.exblog.jp/

1 她经常使用的蕾丝都收纳在竹编的提箱中。在上课的时候，可以直接打开进行选择。**2** 将剩余的线卷在迷你线轴上，制作成花环。与线球的花环在一起展示着。**3** 工具放在带有提手的篮子里，种类多却井然有序。

My handmade story

使用画框、绣绷、木制的线轴等，组成了有趣的装饰。

喜欢颜色鲜艳的编织花片

即便是同样的花片，也可以做出不同配色的作品，再从中选择出喜欢的。

编织初学者可以从通过绕线来制作的胸针和环保刷碗巾开始挑战。

1 作为学生的妈妈们，喜欢制作小孩子们喜欢的玩具手表、甜点等。
2 五彩缤纷的蘑菇，是tayo喜欢的花片。

希望通过短时间完成小物件来体验成就感

tayo说："上课的时候主要以在课堂内就能完成的作品为中心，所以教的大都是小物件的制作。"她之前上班的时候，偶尔会利用午休时间教大家编织。结婚后休息了一段时间，当生完孩子之后，最初是从组织育儿小组的展示会开始，之后就逐渐在自己的家中办起编织教室来了。

她教授的作品经常能够让初学者体会到编织的乐趣，多为以少量编织为基础，并装饰上蕾丝或蝴蝶结等的漂亮华丽的饰品。"我喜欢按照自然的花朵的颜色进行配色，经常会参考鲜花店的博客和写真集。在设计的时候，经常会想象着凯瑟琳·德纳芙、奥黛丽·赫本等以前的著名演员的感觉，或是由'前卫派、优雅的'这些词开始联想，来创作作品。"

从这样丰富的想象中诞生的tayo的作品，是由钩针一针一针地完成的，这同样也是她一步步积累经验的过程。最重要的一点就是，不要放弃，直到完成。她说，如果能给她的孩子留下"妈妈总是在编织"的印象的话，那就是她理想中的生活了。她希望自己可以一边享受编织的乐趣，一边提高自己的技术。

华丽的花朵花片的胸针，选用了金色的金银丝线进行钩织。可以提升衣服、手提包的品位。

1 玄关是展示新作品和自己喜欢的装饰的场所。**2** 她喜欢的娃娃。她在娃娃身体的比例及装饰上都下了一番功夫。

用中粗线包裹着蓬松的超级粗线钩织而成的圆形小包。

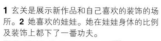

从平面到立体
使用1根钩针就能完成是钩织的魅力所在

从小学的时候钩织围巾开始，到手提包、玩偶，她为钩针创作的广泛性深深着迷。

略带惊悚的设计
很受欢迎

在她委托销售的位于吉祥寺的店铺里，惊悚的骷髅头作品很受欢迎。甜蜜的糖果色系与纯粹的红色、黑色形成对比，创作出了"独特的可爱风格"，让人们的目光不由自主地被吸引了过去。

so cute!

为了祝贺表妹喜得贵子，她制作了围嘴儿作为礼物。在边缘变换了颜色，使其变得更加鲜艳多彩。

3 将2片长方形的织片钉缝在一起，再用蕾丝和蝴蝶结进行装饰，就成为可爱的宝宝服了。**4** 篮子提手上面的装饰、饰花是春季编织课程的样品。

稻叶由美

从年幼的时候开始就喜欢编织，现在活跃在杂志、书籍等各个方面的活动中。她创作的古典而又有趣的小物件、首饰等作品广受好评。

http://www.ac.auone-net.jp/~bow/

这是稻叶创作作品的固定位置。从小窗户照射进来的阳光，可以将桌子的周边都照亮。

她从娘家拿来了一直使用的桌子和缝纫机，在自己的工作室使用，都是有年头的东西啦。

被钩针创造出的纤细的世界所吸引

据说稻叶从上幼儿园开始就拿着钩针玩儿了。由于母亲是经营手工店的，所以她是在手作的环绕下长大的。她曾一度从事过缝纫的工作，但最终还是选择了可以没有限制地拆开重做的编织。"说是编织，但我基本上都只使用钩针编织。我喜欢使用细线钩织花样。为了能够贴合实际的生活，而不让大家一眼就看出来是手作的东西，我经常会修正设计的缺陷。法国的古老钩针作品、美国的怀旧花样等，以前的人们费尽功夫创作出来的纤细的作品，都让我深受感动。"

稻叶真正作为编织家开始活动是在2007年她的作品被收录到获奖手工作品（此活动由厂家公开征集作品并评选的）专集中之后。当获得了钩针

讲师的资格后，她就开始开办教室、展示会，制作商品，设计等，在各个领域中都十分活跃。

"以前妈妈制作的作品，在50年后的今天看来，无论是配色还是设计，都非常时尚。仔细地制作出来的东西，并没有因时光的流逝而改变，也没有褪色，而是完好地保存在那里，真的很让人感动。"

稻叶希望她的作品也能那样地流传下去。在2014年的春天，她出版了第一本著作。那里包含了仅将简单的编织方法组合就创造出新的感觉的作品，也饱含了她对今后创作作品的无限期待。

 My handmade story

以前的商品架，被她摆在桌子上放工具。秤虽然还能使用，但是刻度居然是"钱"。

1 左边是缝上了花片的针插和卷尺包。右边是带有串珠装饰的钩针收纳袋。**2** 用爱尔兰风的花片装饰的古董瓶。

3 作品中使用的绕在线轴上的线。**4** 她很喜欢贝壳类的串珠，所以根据种类分别存放。这个架子，曾经是刺绣线的陈列盒，也是重复再利用的。**5** 蕾丝编织花片的装饰。**6** 著作中作品的试做样品。花片的设计与书中的样式略有不同。稻叶告诉我："在做成包包之前，试做了很多花片。"

在怀旧风格的工作室中创作出来的新风格

在昭和（1926～1989年）手工艺全盛时期的氛围中进行着创作

昭和时期的手工艺书，现在看来也不过时。里面还介绍了许多珍稀的编织方法。

她的母亲在20世纪六七十年代，按照教科书上的方法制作的手提包和小盒子。口金包全部是串珠编织，其余的作品是在网格上穿线而成的。

 My handmade story

稻叶喜欢的外国书籍。书中介绍了20世纪30～50年代的蕾丝编织作品。

她的工作室是位于路边的门面房。在她进行创作的桌子的对面，是整面墙的展示柜。据说这也是直接把商店的商品柜搬过来就用了的。

1

2

5

从一个花样开始
进行广泛的设计

从主要的花样衍生出了周围的花样，这能让作品的整体风格统一。

3

4

1 使用钩针的拉针编织出了立体花样的手提包。是参照上边美国编织书中的样式创作出来的时尚作品。**2** 曾经入选《编织大花园》的作品。**3** 在集会、委托店中出售的商品。在使用段染线编织的基础上，加入了贝壳串珠作为花心。**4** 这是使用了ECO ANDARIA线编织的帽子，黑色的带子与饰花十分雅致。**5** 第一眼看只是一朵小花，从远处再看，仿佛是正在飘动的铃兰。

Yumi's new book

稻叶的新书！

《怀旧的钩针编织》

（本书版权已由河南科学技术出版社引进）

本书收录了多款由稻叶钩织的典雅的怀旧作品。除了封面的漩涡小口袋之外，还有帽子、手提包、首饰等作品，并附有全部的编织方法。

6

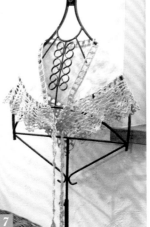
7

6 由于选用了镂空花样，所以这件大大的披肩十分轻巧。略深的芥末黄色，让整体的感觉高档而又华丽。**7** 这个装饰领是在亚麻布的周围加上了很宽的边缘编织，让整体的感觉十分复古。

My handmade story

连载

和michiyo一起编织！

懒人编织部

这里是从人气编织家michiyo那里
学习简单而又可爱的编织的"懒人编织部"。
第2课的主题是稍微努力一下就能完成的棒针编织。
之前一直专心于小物件编织的同学们、
不太擅长棒针编织的同学们，
都要尝试着挑战一下哦！

设计：mchiyo　制作：Yuko Iijima　摄影：Miyuki Teraoka
造型：Kana Okuda (Koa Hole)　发型及化妆：Yuriko Yamazaki　模特：Haruna Inoue

michiyo

曾经做过服装、编织的设计，从1998
年开始成为编织家。曾出版过《成熟可
爱 日常生活中的编织服装》《两个人的
编织》等诸多著作。从2012年开始主
办编织咖啡，每次活动都座无虚席，人
气非常高。
http://maboo.boo.jp/michiyo.html

第**2**课

简单的套头衫

这就开始编织服装？！
千万不要害怕。
这次的设计是
没有过难的编织方法，没有衣袖，形状简单，
但穿起来却十分时尚的服装。
前后的形状相同，只是改变了配色。

如果前后调换的话，给人的印象一下子就变
得不同了。
可以根据心情自由地穿搭出自己的风格。

懒人要诀
1. 前、后身片是相同形状！
2. 没有难的编织方法！
3. 肩部的减针全部都是相同的节奏！
4. 虽然线细，但使用的针粗，唰唰唰地很快就能编好！

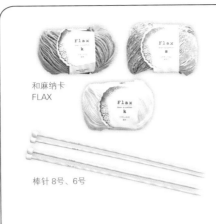

简单的套头衫的编织方法

和麻纳卡 FLAX

棒针 8号、6号

编织要点
● 使用米色线、6号针，在手指上挂线起针92针，编织10行双罗纹针。
● 换成8号针，编织50行下针条纹编织，并使用渡线的方法进行配色。
● 袖开口止位，要剪断配色线。编织下针条纹编织直至第88行，接着编织6行下针编织。
● 在两侧边3针内侧减针，编织44行下针编织，伏针收针。
● 另一片，仅使用米色线，采用同样的方法编织。
● 使用挑针接缝的方法，将两片的胁部和肩部（相同符号处）缝合在一起。

材料与工具
和麻纳卡 FLAX S 米色（22）165g
和麻纳卡 FLAX K 白色（11）12g，芥末黄色（205）11g
棒针8号、6号

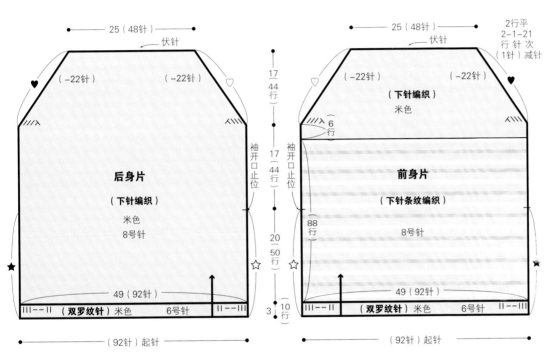

michiyo's secret
这样的配色也不错
以米色为基础，加入藏青色(17)和蓝色(18)，稍微有一点休闲的感觉，并给人以中性风的印象。

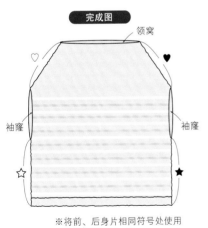

完成图

领窝
袖隆　袖隆

※将前、后身片相同符号处使用挑针接缝缝在一起。

下针条纹编织的配色

颜色	行数
白色	2行
米色	4行
芥末黄色	2行
米色	4行
白色	2行
米色	2行

重复7次 12行1个花样 ← 编织起点

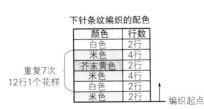

虽然没有难的编织方法，但也要注意一些要点。

编织袖窿处

1 留出一段线头，长度为身片宽度的4.5~5倍，在6号针上手指挂线起针92针，编织10行双罗纹针。边上的3针编织下针。

2 换成8号针，接着编织2行下针编织。

通过配色来编织条纹

3 暂时停止编织米色线，换为白色线，编织2行。

4 编完2行后，将白色线绕在米色线上停止编织，渡米色线编织。

5 使用米色线编织2行后，绕着白色线，再编织2行。米色线共编织4行后，换为芥末黄色线。

6 按照配色线编织2行、底色线（米色线）编织4行的规律重复。注意在每编织2行米色线之后，都要将2根配色线一起缠绕一次，进行渡线。

7 一边配色，一边编织50行，然后将配色线剪断。

8 袖窿处配色线不需要渡线。（只有米色线渡线。）

减针

人 左上2针并1针

9 边上的3针编织下针，将右棒针一次性地从接下来的2针的左侧插入，在针上挂线，2针一起编织下针。

10 左侧的针目到了上面，左上2针并1针完成。（减了1针。）

入 michiyo 式右上2针并1针

11 左侧留下5针，将右棒针从第1针的左侧插入，无须编织，直接将针目移至右棒针。下一针也使用同样的方法，直接移至右棒针。

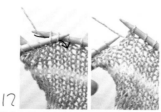

12 2针移完后，将左棒针插入2针中，一起编织下针。右侧的针目到了上面，右上2针并1针完成。（减了1针。）

13 下一行针数不变。（上针。）

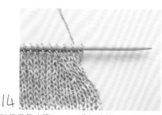

14 每2行重复步骤9~12，进行减针。这是减针3次之后的样子。

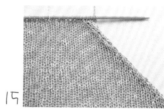

15 重复减针22次，共编织44行。

伏针收针

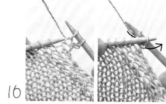

16 编织2针下针，使用第1针盖住第2针。

17 编织了1针伏针的样子。接着编织下一针，使用前一针盖住这一针。重复这个过程。

18 最后将留在棒针上的针目拉长，将线剪断后穿过这个线圈。编织完成。另一片，仅使用米色线，采用同样的方法编织。

挑针接缝

19 在缝针上穿线（实际应为米色线），将织片的正面朝上对齐，将针穿入边端1针内侧，拉出。

20 挑取边端1针内侧针目与针目之间的渡线。

21 每一行都左右交替地挑取渡线，将线拉紧使其缝合在一起。实际效果是最终看不到缝线的。（注意拉线的时候不要拉得过紧！）

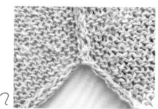

22 这是从内侧看到的缝合部分的样子。（肩部减针处。）

23 胁部使用起针时留下的线缝合。缝合时，要在内侧包裹着配色线，使其看起来不太明显。

背面

24 完成！领窝处自然地呈现出弧形。

串珠编织的首饰和小物件

使用平时的编织方法，只是加入一些串珠，一下子就能变得华丽起来。

下面为大家介绍的无论是小首饰还是小包包，

都将是这个夏天最流行的。

摄影：Yukari Shirai, Kana Watanabe(45 页)　设计：Akiko Suzuki

项链、耳坠和发卡

这些仿佛是摇晃中的花朵的纤细的首饰，
是使用串珠和蕾丝展现出来的。
沉稳的色调，
很适合与成熟的服装搭配在一起。

设计 / Veriteco
制作方法／96页
使用线／DARUMA 蕾丝线 #30葵

华丽的发圈

做出了许多的褶皱，
并在最后一行编入了串珠，
是一个十分华丽的发圈。
由于是在编织结束之后再穿皮筋，
所以不但好编，而且非常漂亮。

设计／莲沼千纮
制作方法／95页
使用线／奥林巴斯 PLUMERIA、TIARA、
金票#18蕾丝线

褶皱饰边项链

与发圈是同样的织片，
但不连成环形，而是进行往返编织，
穿上金属链之后，就成为项链。
有一点装饰领的感觉。

设计／莲沼千纮
制作方法／94页
使用线／奥林巴斯 PLUMERIA、TIARA、
金票#18蕾丝线

弹片口金包

如果一直都喜欢串珠包包，
那么使用好编的粗线和串珠
来挑战一次吧。
由于需要穿到线上的串珠数量很多，
所以一部分一部分地钩织会容易很多。

设计 / SEBATAYASUKO
制作方法 / 97页
使用线 / 奥林巴斯 EMMY GRANDE
<HERBS>

口金包

古典的花朵图案，
与串珠的感觉十分相符。
在钩织短针时编入串珠，
再缝上口金就完成了。

设计 / SEBATAYASUKO
制作方法 / 98页
使用线 / 奥林巴斯 EMMY GRANDE
<HERBS>

43

发夹

这是将编织方法相同但行数和串珠
配置不同的花片
交替摆放而组成的发卡。
钩织时编入了很多串珠，
是使用方便的小发夹。

设计／莲沼千纮
制作方法／95页
使用线／DARUMA 带有金银丝线的蕾丝线

发饰和耳环

将发夹中的大花片做成了发饰，
将小花片做成了耳环。
线与串珠的配色不同，
会创造出不同的感觉。

设计／莲沼千纮
制作方法／95页
使用线／DARUMA 带有金银丝线的蕾丝线

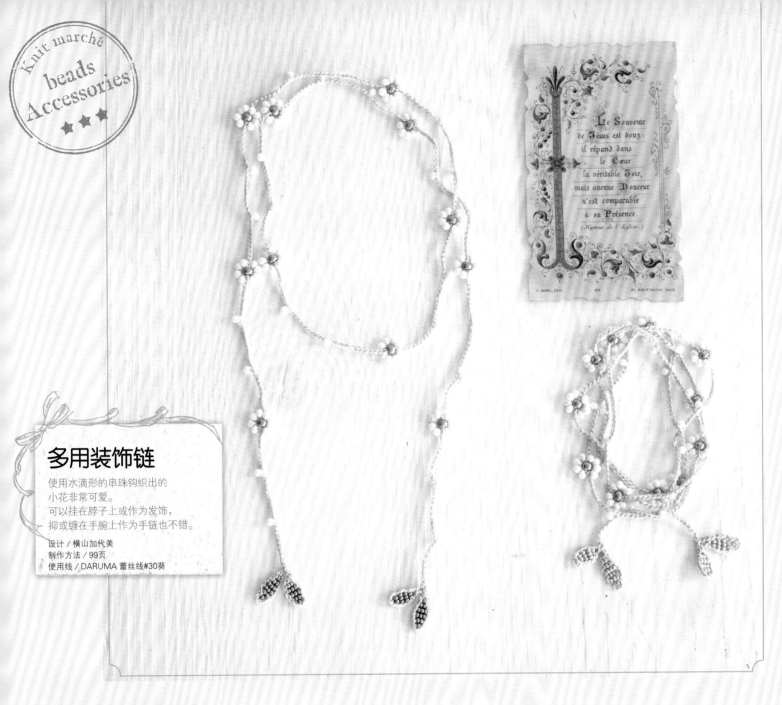

多用装饰链

使用水滴形的串珠钩织出的
小花非常可爱。
可以挂在脖子上或作为发饰，
抑或缠在手腕上作为手链也不错。

设计／横山加代美
制作方法／99页
使用线／DARUMA 蕾丝线#30葵

装饰链 编织要点讲解

下面告诉大家怎样能让花蕊的线不暴露在反面。
※编织前，要按照从后到前的顺序，先将串珠穿到线上（参见99页）。

1 拉近8颗水滴形串珠，钩织1针锁针，并收紧。

2 钩织完成1针锁针的样子。

3 将钩针插入由8颗串珠组成的环中，在环的另一侧挂线，从针上的线圈中引拔出。

4 引拔之后的样子。将特大串珠拉近。

5 在8颗串珠环的中心位置，用手指从后面按着特大串珠。

6 将钩针先退出针目，从另一侧插入特大串珠的中心。

7 用针尖挂住在步骤6中放开的针目，从特大串珠的另一侧将线拉出。

8 将线拉出后的样子。

9 在针尖上挂线，夹着第4颗与第5颗水滴形串珠中间的线，引拔。

10 花朵钩织完成。

colorful & cute

在美国编织

在日本作为手工艺家十分活跃之后
来到了美国的Weider Quist 裕美。
她通过艺术家的视角
告诉我们美国的手工艺的情况。

Weider Quist 裕美

手工艺家。在日本的10年间，曾以大濑裕美的名字，在
杂志、书籍上发表过作品，并开办了可以体验各种手工艺
的教室。去美国后，通过网络来发表她的作品或秘诀，并
在当地的商店出售自己的作品、举办研究会。她的博客向
大家介绍了她在美国的生活以及做手工的乐趣等。

HIBILABO JOURNAL（日语博客）
http://hibilabo.jugem.jp/
HARUJION DESIGN（英语博客）
http://harujiondesign.blogspot.com/

2005年在日本生下女儿后不久，我们就搬到了丈夫位于美国中西部的故乡。那时候并不太适应海外生活，也忙于照顾孩子，所以在生活中完全封印了既是工作又是爱好的缝纫和编织。后来，终于可以一点一点地从孩子的用品、身边的事物开始，再次展开手作活动了。到今年为止，来美国已经是第10个年头了。这一次，我想以我的经验为基础，为大家介绍美国编织的情况，并说明一下关于编织的令人迷惑的英文介绍。

令人迷惑的英文介绍

我在美国刚开始编织的时候，和大部分人一样，会因为许多与日本不同的地方而变得迷惑起来。在日本，无论是钩针还是棒针，都属于编织，但是在美国却没有能够对应"编织"这个意思的词，crochet指的是钩针，knit指的是棒针，是按照不同的针进行分类的。并且，针的尺寸也与日本不同。线的粗细变化虽与日本的区别不太大，例如，中细=Fingering、粗和中粗=Sport等，但必须重新记住它们的英文名称。另外，日本与美国的根本区别是，介绍（编织方法的说明）的形式。在英文介绍中，一般没有

编织图（仅在加入花样或是编织复杂的花样时，会使用局部的编织图进行介绍），而是以文字说明为主。至于完成之后的样子，只能参见作品的照片，这对于习惯了日本编织图的我来说，没办法留下整体的印象，十分辛苦。并且，如果不是熟手的话，若发现了编织错误，也很难纠正。反过来，习惯了英文介绍的人，认为日本的编织图都是从正面看到的图，也是不好理解的。

开始认为很难的英文介绍，只要按照文章中写的内容一个劲儿地编织下去，就会在不知不觉中完成花样的编织，这一点是很有趣的。特别是袜子等立体的物件，在按照英文介绍进行编织时，会不知不觉地编织出漂亮而又立体的脚跟部分，这也是它的一个优点吧。在介绍中所出现的英语与日常的英语有些不同，钩针、棒针都分别有像专用符号一样的表达方法。当大家知道了这些之后，看起来很复杂的英文介绍，也会变得容易理解起来。与我在美国刚开始编织的时候相比，现在在网上也有许多值得参考的网站，还能找到有日语解说的视频说明了。

逐渐有越来越多的日本编织家开始在世界各地活跃，所以大家学习起来也越来越方便了。

Let's study

日、美编织针尺寸对照表

钩针（Crochet hook）

mm	2.00	2.25	2.30	2.50	2.75	3.00	3.25	3.5	3.75	4.0	5.0
日本（号数）	2/0		3/0	4/0		5/0		6/0		7/0	8/0
美国		B/1			C/2		D/3	E/4	F/5	G/6	H/8

棒针（Knitting needle）

mm	2.00	2.10	2.25	2.4	2.70	2.75	3.0	3.25	3.30	3.50	3.60	3.75	3.90
日本（号数）		0		1		2		3		4		5	6
美国	0		1			2		3		4		5	

mm	4.00	4.20	4.50	4.80	5.00	5.10	5.40	5.50	5.70	6.00	6.30	6.50	6.60
日本（号数）		7	8	9		10	11		12	13	14		15
美国	6		7			8		9		10		10.5	

线的粗细（Weight）

日本	超级细	极细	细	中细	粗	中粗	极粗	超级粗
美国	Cobweb→Lace→Fingering→Sport→DK→Worsted, Aran→Bulky, Super Bulky							

※根据厂家及设计师的不同，也会有不同的叫法。

※美国与英国的编织针的型号也不同。

love my cardigan

1 袜子用的毛线的种类也很丰富。能够编织出自然的织入花样效果的段染线，特别受欢迎。
2 左边是棒针编织的基础书。右边是一本介绍使用手中现有的针和线来编织基础物件的应用广泛的书。3 收集到的有年头的阿富汗编织。这是流行图案的代表。4 根据英文介绍，第一次编织的女儿的外套。5 在博客中具有超高人气的"花海"的祖母方格手提包。

让编织全球化

从几年前开始，为了锻炼语言，我开始使用英文写博客，把自创的作品的秘诀通过将日本编织图和英文介绍组合在一起的方法来进行解说。于是，不局限于美国和日本，世界各地的编织爱好者都来看我的博客了。其中，编入了立体花朵的祖母方格手提包，收到了令人吃惊的反响，经常会收到电子邮件和提问。我深切地感受到了编织的国际化影响。

在美国，受欢迎的项目有很多。在钩针中，很久以前就很受欢迎的阿富汗编织（毛毯）、将花片连接在一起的祖母方格，现在依旧聚集着很高的人气。日本发明的编织玩偶也很受欢迎，Amigurumi（编织玩偶）这个词，也像Sushi（寿司）和Karaoke（卡拉OK）一样，成为通用词语，还出版了很多有关

它的书籍。在棒针中凝聚着人们智慧的编织花样、加入花样，最近也颇具人气。具有设计感的披肩、围脖也流行了起来。

另外，日本的编织图也在不知不觉中流传到了世界各地。我曾经收到博客读者在发来的邮件中称"我是日式编织图的粉丝"。日本的编织的设计中，为细节考虑得很多，书籍的解说也以照片、图示为主，介绍得十分详细，我曾听到过很多"即使看不懂文字，通过图也能明白意思"的评价。收集日本的手工艺书籍的人也有很多。

我至今为止依旧认为，长年来我所熟悉的日本编织图有很多优点，是最容易理解的传达方法。但是，英文介绍具有如前所述的优点和有趣的地方，也是事实。希望今后编织能够超越国界，吸取两种方法的优点，出现更多的优秀设计，让更多的人能够体会到编织的乐趣。

Knitting Abbreviations（棒针编织缩略词）
co : cast on 起针
RS : Right Side织片的正面
WS : Wrong Side织片的反面
k : knit 下针
p : purl 上针
yo : yarn over 挂针
k(p) 2 tog : knit (purl) 2 stitches together 下针（上针）2针并1针

Crochet Abbreviations（钩针编织缩略词）
ch : chain 锁针
sc : single crochet 短针
hdc : half double crochet 中长针
dc : double crochet 长针
tr : treble (triple) crochet 长长针

※请注意，美国与英国的钩针编织的表示方法不同。
（例：在英国double crochet表示的是短针。）

英文介绍的例子

```
| | | − ○ 人 − | | |  2
| | | − 人 ○ − | | |  1
10 9 8 7 6 5 4 3 2 1
```

例如，棒针编织中这个编织图所对应的英文介绍如下。

实际的织片

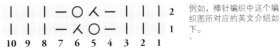

缩略词的表达方法	完整的表达方法
CO 10 sts. 起针10针。	Cast on 10 stitches.
Row 1 (RS) : k3, p1, yo, k2tog, p1, k3, turn. 第1行（正面）：3针下针，1针上针，挂针，下针2针并1针，1针上针，3针下针，将织片翻面。	Row 1(Right Side) : Knit 3 stitches, purl 1 stitch, yarn over, knit 2 stitches together, purl 1 stitch, knit 3 stitches, turn.
Row 2 (WS) : p3, k1, yo, p2tog, k1, p3. 第2行（反面）：3针上针，1针下针，挂针，上针2针并1针，1针下针，3针上针。	Row 2(Wrong Side) : Purl 3 stitches, knit 1 stitch, yarn over, purl 2 stitches together, knit 1 stitch, purl 3 stitches.

最爱!

便利的口金包

"啪"的一声打开，"啪"的一声合上，使用方便的口金包正在流行。还有一些略有变化的口金出现。
编织的口金包，不使用里布也可以，完成起来非常简单。一定要试着做做看。

摄影：Yukari Shirai　设计：Akiko Suzuki

大容量的马赛克包

仔细地钩织长针，
并试着按照方格图案进行了配色。
侧边很大，所以收纳能力超群，
是一款非常实用的包包。

设计 / Sachiyo Fukao
制作方法 / 87页
使用线 / WISTER 水洗棉线、水洗棉线<渐变>

口金可以打开得很大。能够装入很多
东西，可以当作化妆包使用。

由于使用了段染线，从不同方向看
上去的感觉略有差异。

圆点花样的
山形口金眼镜袋

山形的口金加上像画一样的圆点花样，
整体看起来非常可爱。
使用棉线、短针，
紧密地编织出了加入花样，
可以很好地保护袋内的眼镜。

设计 / 武田浩子
制作方法 / 99页
使用线 / WISTER 水洗棉线

L形口金
平面包

珠头在转角的新型口金。
可以斜向打开包口。
由于平面的设计和L形口金，
所以推荐用于收纳卡片。

设计 / Sachiyo Fukao
制作方法 / 88页
使用线 / WISTER FIORA

用一只手
就能打开口金，
很方便！

作品中使用的线

WISTER FIORA
在多彩的竹节花式纱线中加入了金银丝线的
夏季毛线。
30g/团，约95m　粗

WISTER 水洗棉线<渐变>
具有漂亮的配色的渐变线。
40g/团，约112m　粗

WISTER 水洗棉线
具有饱满颜色的夏日毛线，是使用钩针也可以
轻松编织的粗线。
40g/团，约103m　粗

小花片制作的可爱装饰

这里汇集了许多使用了不同颜色的线编织而成的小小花片。
使用钩针编织，很容易地就能制作出立体的形状。
织好小花片后，再把它们做成装饰品，是一件非常有趣的事情。

摄影：Yukari Shirai　设计：Akiko Suzuki　撰文：Sanae Nakata

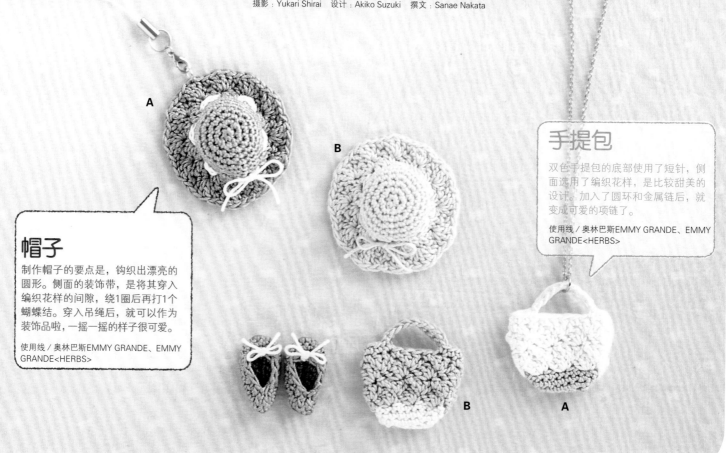

帽子

制作帽子的要点是，钩织出漂亮的圆形。侧面的装饰带，是将其穿入编织花样的间隙，绕1圈后再打1个蝴蝶结。穿入吊绳后，就可以作为装饰品啦，一摇一摇的样子很可爱。

使用线／奥林巴斯EMMY GRANDE、EMMY GRANDE<HERBS>

手提包

双色手提包的底部使用了短针，侧面选用了编织花样，是比较甜美的设计。加入了圆环和金属链后，就变成可爱的项链了。

使用线／奥林巴斯EMMY GRANDE、EMMY GRANDE<HERBS>

帽子

A：浅茶色
B：浅蓝色

穿装饰带的位置

制作方法
材料与工具

A：奥林巴斯EMMY GRANDE 浅茶色（736）2g，原白色（804）1g
钩针2/0号

B：奥林巴斯EMMY GRANDE 浅蓝色（364）2g，EMMY GRANDE<HERBS> 浅蓝色（560）1g
钩针2/0号

装饰带
A：原白色
B：浅黄色

锁针（28针）
在编织起点与编织终点处留5cm的线头

完成图
4.5

帽子
装饰带穿入帽子的第8行，并用线的两头打1个蝴蝶结

手提包

提手（10针）

编织起点
锁针（5针）

提手（10针）

配色表

	A	B
4~8行	原白色	浅蓝绿色
1~3行	浅蓝绿色	原白色

▷ = 加线
► = 剪线

制作方法
材料与工具

A：奥林巴斯EMMY GRANDE 原白色（804）2g，EMMY GRANDE<HERBS>浅蓝绿色（341）1g
钩针2/0号

B：奥林巴斯EMMY GRANDE<HERBS> 浅蓝绿色（341）2g，EMMY GRANDE 原白色（804）1g
钩针2/0号

完成图
3.5
3.5

制作方法

材料与工具

A：奥林巴斯EMMY GRANDE 红色（192）2g,原白色（804）1g
钩针2/0号

B：奥林巴斯EMMY GRANDE＜HERBS＞ 粉色（119）2g,
EMMY GRANDE 原白色（804）1g
钩针2/0号

鞋

各2个 A：红色
B：粉色

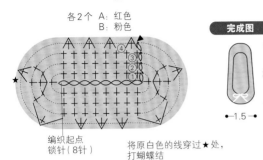

编织起点
锁针（8针）

将原白色的线穿过★处，
打蝴蝶结

完成图

3

←1.5→

红舞鞋

时尚的芭蕾鞋，是完全使用短针钩织完成的。红色的一直是人气No.1。装饰品，还是鲜亮的颜色最好看。

使用线／奥林巴斯EMMY GRANDE、EMMY GRANDE＜HERBS＞

A

B

蝴蝶结

虽然小，但却是正统的蝴蝶结的形状。在中间使用带子紧紧地系住，是制作得漂亮的关键。选择自己喜欢的颜色来制作首饰吧。

使用线／奥林巴斯EMMY GRANDE＜HERBS＞

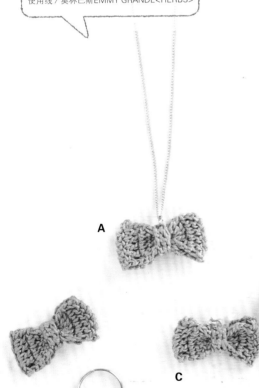

A

C

B

制作方法

材料与工具

A、C：奥林巴斯EMMY GRANDE＜HERBS＞ 粉色（119）1g
钩针2/0号

B：奥林巴斯EMMY GRANDE＜HERBS＞ 橘黄色（171）1g
钩针2/0号

蝴蝶结

带子 | 主体

←⑥
←⑤

←①

编织起点
锁针（2针）

→⑩

→⑤

→②
→①

编织起点
锁针（6针）

完成图

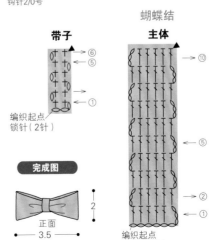

2

←3.5→

正面

组合方法

① 将蝴蝶结主体的编织起点和编织终点对齐，使用卷针缝缝合。

主体　卷针缝

② 将带子绕在主体的中线处，在反面使用卷针缝缝合。

带子　卷针缝

反面

设计／（50、51页）Amy*

制作方法

材料与工具

A：奥林巴斯EMMY GRANDE<COLORS> 蓝色（354）1g
小圆串珠（透明粉）1颗
蕾丝针0号
B：奥林巴斯EMMY GRANDE<HERBS> 浅驼色（732）1g
小圆串珠（金色）1颗
蕾丝针0号

小鸟

象征幸福的小鸟，给人留下了深刻的印象。将2片织片卷针缝缝合在一起，使其拥有了厚度。眼睛是小圆串珠。如果钩织得比较紧致，小鸟的嘴和羽毛的边缘就会变得非常漂亮。

使用线／奥林巴斯EMMY GRANDE<COLORS>、EMMY GRANDE<HERBS>

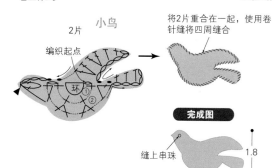

2片　小鸟

编织起点

将2片重合在一起，使用卷针缝将四周缝合

完成图

缝上串珠

1.8

3

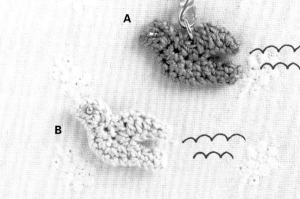

A

B

在织片上加入了手机防尘塞的部件。挂在手机上后，一摇一摇的，就像在天空中飞翔。

在手机上新建了一座小房子。在织片上缝上耳机防尘塞就立即完成！

房子

这是带有各色圆锥形屋顶的可爱小房子。中间放入棉花，整体就会变得蓬蓬的。把几座不同颜色的房子摆在一起，做成装饰也不错。

使用线／奥林巴斯EMMY GRANDE<COLORS>、EMMY GRANDE<HERBS>

A　　　B　　　C

制作方法

材料与工具

A：奥林巴斯EMMY GRANDE<HERBS> 浅驼色（732）1g，EMMY GRANDE<COLORS> 绿色（264）、茶色（745）各1g
填充棉适量
蕾丝针0号
B：奥林巴斯EMMY GRANDE<HERBS> 浅驼色（732）1g，EMMY GRANDE<COLORS> 红色（188）、茶色（745）各1g
填充棉适量
蕾丝针0号
C：奥林巴斯EMMY GRANDE<HERBS> 浅驼色（732）1g，EMMY GRANDE<COLORS> 蓝绿色（391）、茶色（745）各1g
填充棉适量
蕾丝针0号

房子

底座　浅驼色

底座针数表

行	针数	
3～7行	12针	
2行	12针	（+6针）
1行	6针	

※只有第3行钩织条纹针。

完成图

将底座缝在屋顶的内侧

屋顶

直线绣（茶色）

底座

3.2

1.8

将填充棉塞入底座中

屋顶　A：绿色　B：红色　C：蓝绿色

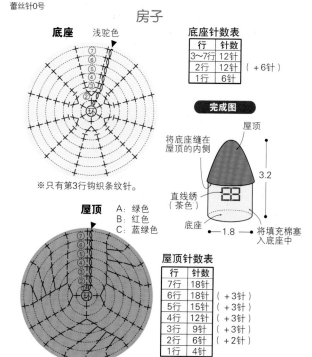

屋顶针数表

行	针数	
7行	18针	
6行	18针	（+3针）
5行	15针	（+3针）
4行	12针	（+3针）
3行	9针	（+3针）
2行	6针	（+2针）
1行	4针	

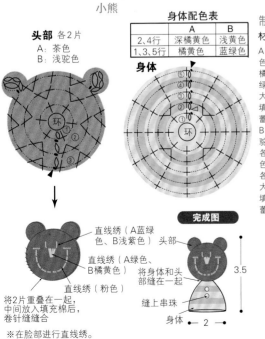

制作方法

材料与工具

A：奥林巴斯EMMY GRANDE<HERBS> 浅驼色（732）、茶色（745）各1g，
EMMY GRANDE<COLORS> 红色（188）、藏青色（355）各1g
直径6mm的捷克串珠1颗
蕾丝针0号
B：奥林巴斯EMMY GRANDE<HERBS> 浅驼色（732）、茶色（745）、粉色（119）、
浅粉色（141）各1g
直径6mm的捷克串珠1颗
蕾丝针0号
C：奥林巴斯EMMY GRANDE<HERBS> 浅驼色（732）、茶色（745）各1g，
EMMY GRANDE<COLORS> 橘黄色（555）、蓝绿色（391）各1g
直径6mm的捷克串珠1颗
蕾丝针0号

热气球

气囊

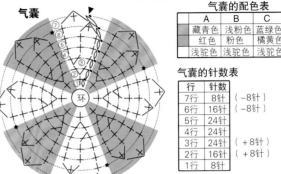

气囊的配色表

	A	B	C
	藏青色	浅粉色	蓝绿色
	红色	粉色	橘黄色
	浅驼色	浅粉色	浅驼色

气囊的针数表

行	针数	
7行	8针	（-8针）
6行	16针	（-8针）
5行	24针	
4行	24针	
3行	24针	（+8针）
2行	16针	（+8针）
1行	8针	

※换线时，前1针最后1次引拔的是
　下1个配色线。
※一边包裹着渡线一边进行钩织。
※将线穿入最后1行的针目中，将多
　余的线塞入其中，然后收紧。

篮子 茶色

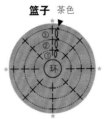

完成图

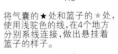

将气囊的★处和篮子的☆处，
使用浅驼色的线，在4个地方
分别系线连接，做出悬挂着
篮子的样子。

热气球

钩织而成的圆形热气球，使用了法
式杂货的配色，非常有小清新的味
道。为了增加重量，在篮子中放入
了捷克串珠，作为项链上的吊坠使
用时，很有垂坠感。

使用线／奥林巴斯EMMY GRANDE<COLORS>、
EMMY GRANDE<HERBS>

小熊

头部 各2片
A：茶色
B：浅驼色

身体配色表

	A	B
2、4行	深橘黄色	浅黄色
1、3、5行	橘黄色	蓝绿色

身体

制作方法

材料与工具

A：奥林巴斯EMMY GRANDE<HERBS> 茶
色（745）1g，EMMY GRANDE<COLORS>
橘黄色（555）、深橘黄色（172）、粉色（127）、
绿色（229）、蓝绿色（391）各1g
大圆串珠（珍珠粉色）2颗
填充棉适量
蕾丝针0号
B：奥林巴斯EMMY GRANDE<HERBS> 浅
驼色（732）、浅黄色（560）、粉色（119）
各1g，EMMY GRANDE<COLORS> 蓝绿
色（391）、橘黄色（555）、浅紫色（354）
各1g
大圆串珠（珍珠粉色）2颗
填充棉适量
蕾丝针0号

完成图

直线绣（A蓝绿
色、B浅紫色）} 头部
直线绣（A绿色、
B橘黄色）
直线绣（粉色）

将2片重叠在一起，
中间放入填充棉后，
卷针缝缝合。

将身体和头
部缝在一起

缝上串珠

身体 — 2 —

3.5

※在脸部进行直线绣。

小熊

最重要的就是颜色的选择。由于身
体的下方是开口的，所以还可以作
为手指玩偶或是笔帽的装饰。也可
以使用小圆环将其连接在别针上。

使用线／奥林巴斯EMMY GRANDE<COLORS>、
EMMY GRANDE<HERBS>

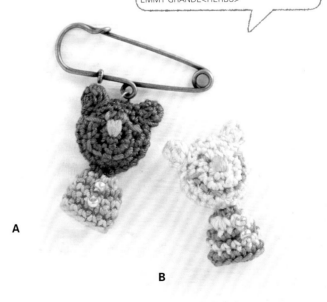

A

B

制作方法

材料与工具

A：奥林巴斯EMMY GRANDE 黄色（521）2g、浅茶色
（736）1g
钩针2/0号
B：奥林巴斯EMMY GRANDE<HERBS> 灰褐色（814）
2g，EMMY GRANDE 原白色（804）1g
钩针2/0号

向日葵

配色表		
	A	B
3、4行	黄色	灰褐色
1、2行	浅茶色	原白色

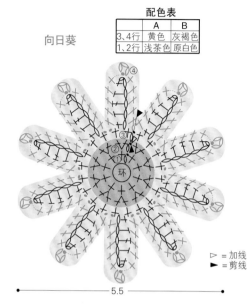

▷ = 加线
► = 剪线

—— 5.5 ——

向日葵

颜色鲜艳的向日葵是夏季的代表。由于是平面的花片，所以花蕊与花瓣的配色形成了鲜明的对比。在反面缝上装饰用别针或是橡皮筋都不错。

使用线／奥林巴斯EMMY GRANDE、EMMY GRANDE<HERBS>

A

B

制作方法

材料与工具

小花：奥林巴斯EMMY GRANDE 原白色（804）、浅茶色（736）各1g，EMMY GRANDE<HERBS> 橘红色（171）、粉色（119）、浅蓝色（341）、浅黄色（560）、灰褐色（814）各1g
四叶草：奥林巴斯EMMY GRANDE<HERBS> 浅绿色（252）1g，EMMY GRANDE 原白色（804）1g
钩针2/0号

小花和四叶草

这是春季的田园风花片。减少小花的一片花瓣，就会变身为四叶草。使用糖果色的线多做几个，别到金属链上，就做成了手链。

使用线／奥林巴斯EMMY GRANDE、EMMY GRANDE<HERBS>

小花
※使用喜欢的颜色线编织。

—— 2 ——

四叶草
浅绿色

—— 1.5 ——

直线绣
（原白色）

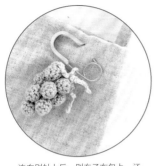

连在别针上后，别在了布包上。还可以尝试着连在钥匙圈或是项链上哦。

葡萄

将编织完成的圆形葡萄粒缝在一起，就组成了整串的葡萄。在叶子的部分留出了能够穿上别针的小环。使用锁针钩织的藤蔓卷卷的，带来了动感。

使用线 / 奥林巴斯EMMY GRANDE<COLORS>、EMMY GRANDE<HERBS>

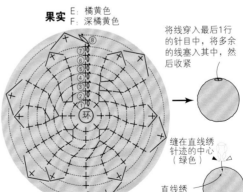

A

B

C

D

E

F

制作方法

材料与工具

A：奥林巴斯EMMY GRANDE<COLORS> 紫色（675）2g，EMMY GRANDE<HERBS> 绿色（273）1g
蕾丝针0号

B：奥林巴斯EMMY GRANDE<HERBS> 绿色（273）2g、浅驼色（732）1g
蕾丝针0号

葡萄

果实 各13个
A：紫色
B：绿色

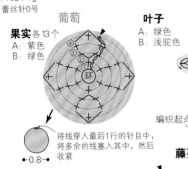

将线穿入最后1行的针目中，将多余的线塞入其中，然后收紧
●0.8●

果实的组合方法

① 果实每4个缝在一起。
缝合
制作3组

② 参照图示，纵向地排列起来后，缝在一起。
缝合
第4行
第3行
第2行
第1行（1个）
2、3行之间要错开

叶子

A：绿色
B：浅驼色

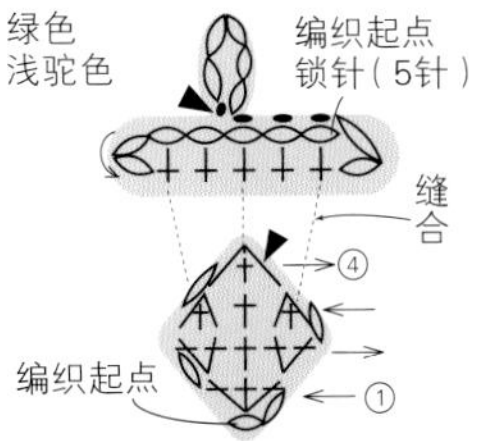

编织起点
锁针（5针）

缝合

编织起点

藤蔓
A：绿色
B：浅驼色

锁针（28针）
编织起点

完成图

① 将藤蔓缝在中心。
② 将叶子缝在藤蔓上。
组合好的果实
3.5

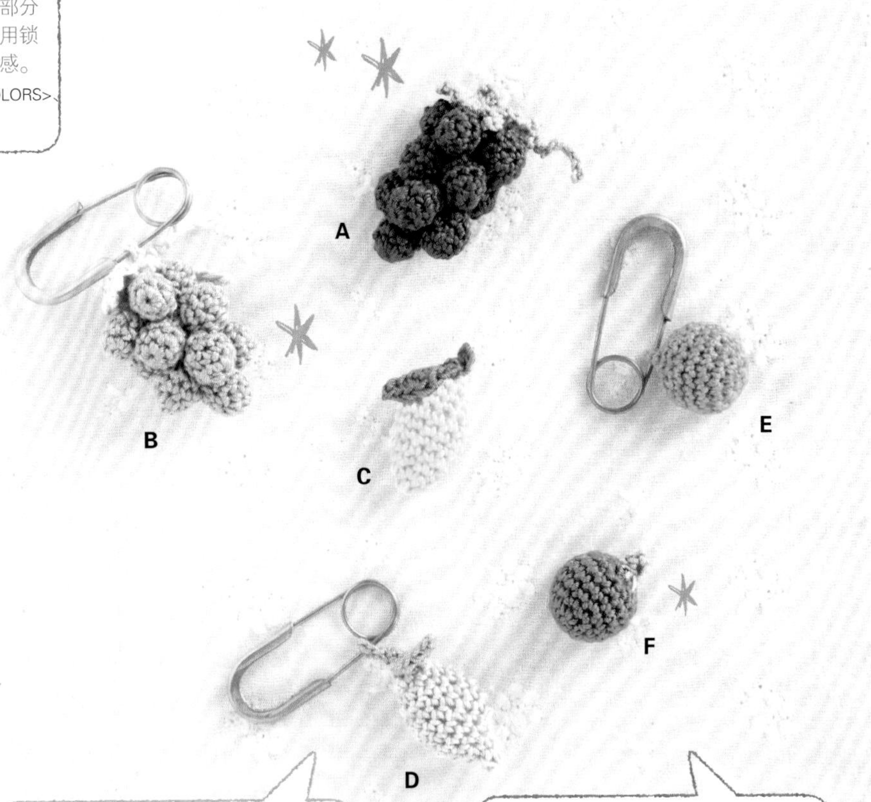

柠檬

柠檬鲜艳的黄色十分耀眼。钩织出来的细长的椭圆形，让两端变尖，是成功的关键。若叶子和果实选择不太鲜艳的色调，则会有成熟的感觉。

使用线 / 奥林巴斯EMMY GRANDE<COLORS>、EMMY GRANDE<HERBS>

橙子

这是编织方法十分简单的水果花片的代表。只需要编织出橘黄色的圆球之后，使用绿色的线绣上蒂就可以了。还可以使用红色的线编织，变成苹果。

使用线 / 奥林巴斯EMMY GRANDE<COLORS>、EMMY GRANDE<HERBS>

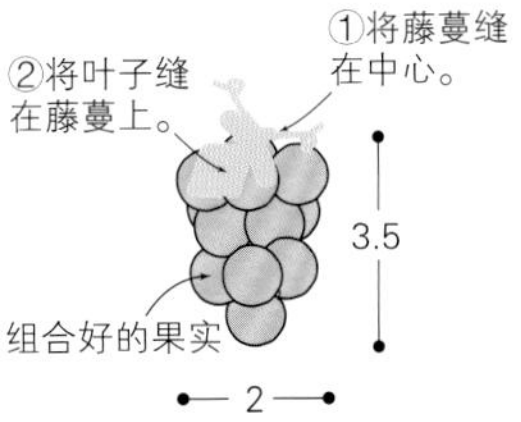

柠檬

果实
C：黄色
D：浅黄色

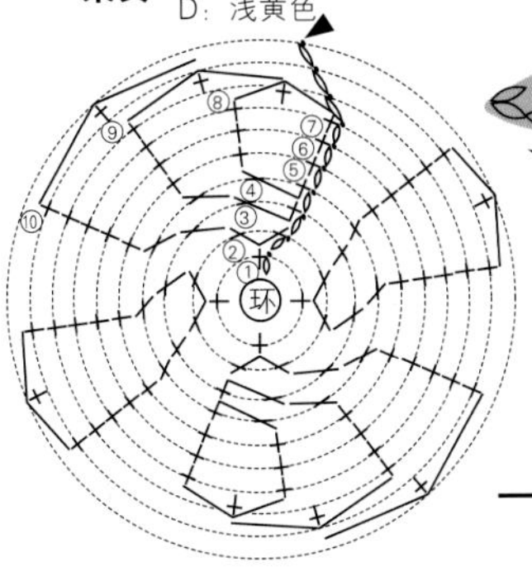

叶子
C：蓝绿色
D：绿色

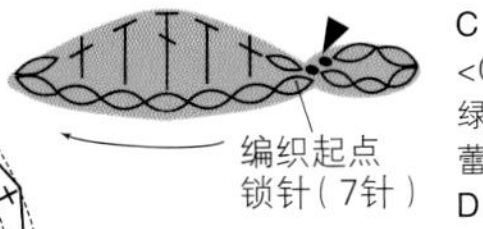

编织起点
锁针（7针）

将线穿入最后1行的针目中，将多余的线塞入其中，然后收紧

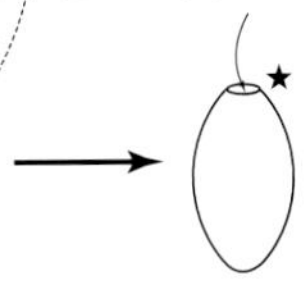

果实针数表

行	针数	
10行	4针	（−4针）
9行	8针	（−2针）
8行	10针	（−2针）
7行	12针	
6行	12针	
5行	12针	
4行	12针	（+2针）
3行	10针	（+2针）
2行	8针	（+4针）
1行	4针	

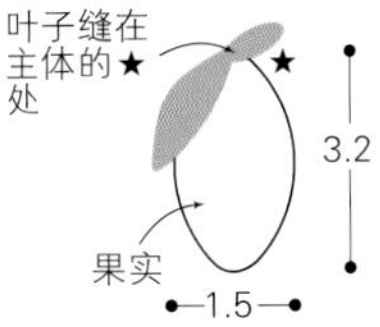

制作方法

材料与工具

C：奥林巴斯EMMY GRANDE<COLORS> 黄色（543）、蓝绿色（391）各1g
蕾丝针0号

D：奥林巴斯EMMY GRANDE<HERBS> 浅黄色（560）、绿色（273）各1g
蕾丝针0号

完成图

叶子缝在主体的★处
果实
1.5
3.2

橙子

果实
E：橘黄色
F：深橘黄色

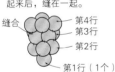

▷ = 加线
► = 剪线

将线穿入最后1行的针目中，将多余的线塞入其中，然后收紧

缝在直线绣针迹的中心（绿色）
直线绣（绿色）

果实针数表

行	针数	
8行	6针	（−6针）
7行	12针	（−6针）
6行	18针	
5行	18针	
4行	18针	（+3针）
3行	15针	（+3针）
2行	12针	（+4针）
1行	8针	

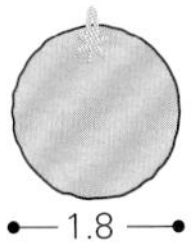

制作方法

材料与工具

E：奥林巴斯EMMY GRANDE<COLORS> 橘黄色（555）1g，EMMY GRANDE<HERBS> 绿色（273）1g
蕾丝针0号

奥林巴斯EMMY GRANDE<COLORS> 深橘黄色（172）1g，EMMY GRANDE<HERBS> 绿色（273）1g
蕾丝针0号

完成图

●1.8●

梯子形编织的手链

让绳编手链的制作方法变得简单的是备受瞩目的梯子形编织！
梯子形编织，是将串珠穿得像梯子一样的技法。
由于它十分简单，只需使用不同的材料，
就能编织出不同感觉的手链。

摄影：Yukari Shirai, Kana Watanabe(57 页)　设计：Akiko Suzuki

花朵手链

通过组合大小不同的串珠，
创作出了这款富有动感的设计。
随机穿入同色系中2种颜色的串珠，
为其带来了别样的情调。

设计、制作／阪本敬子

她在1999年创办了手作首饰沙龙
beads café。"让我们在咖啡店里，
一边休息，一边体验串珠编织的乐
趣吧！"这是她的经营理念。她在
集会、电视、杂志、网络等地方发
表自己的作品。著作有《手工制作
时尚的手链》。
http://www.beadscafe.net/

《手工制作时尚的手链》

以很受欢迎的手编手链为主，还有
幸运手链以及缀有天然石的手链。
共有21个种类，72款作品。

糖果色的双层手链

这是使用木质串珠和皮绳编织而成的
自然风手链。
使用糖果色的刺绣线穿串珠，
是作品的亮点。

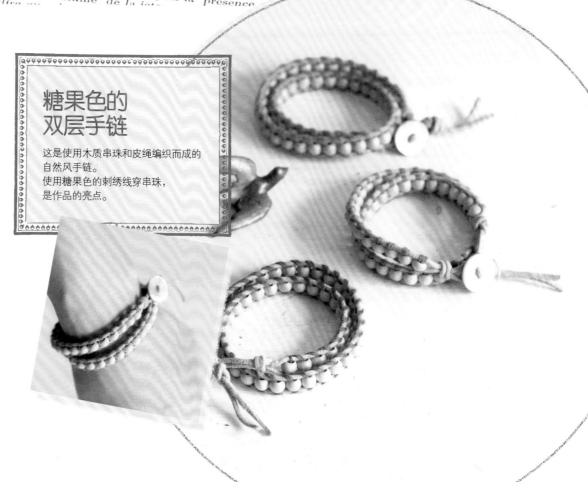

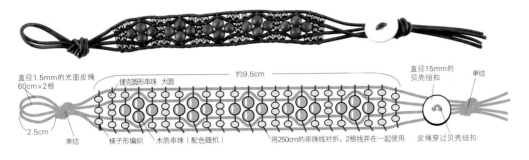

单结
① 将绳子按照箭头的方向绕一圈。
② 拉绳头。
③ 完成。
※ 无论几根绳，系法都一样。

使用梯子形编织的方法来编织手链吧!

需要使用的工具只有串珠针。只要在皮绳的中间来回穿串珠就可以了。

花朵手链
材料
● MARCHEN-ART 彩色木质串珠 圆球状5mm（孔径约2mm）红色系（CW577）或蓝色系（CW578）20颗
● 捷克圆形串珠 大圆 青铜色 50颗
● 直径15mm的贝壳纽扣(2孔)1颗
● MARCHEN-ART 光面皮绳 直径1.5mm 深褐色（504）或蓝色（512）120cm（剪成2根，60cm）
● MIYUKI 串珠线（K2332 #20）胭脂红色（7）或海军蓝色（10）250cm

直径1.5mm的光面皮绳 60cm×2根
捷克圆形串珠 大圆
约9.5cm
直径15mm的贝壳纽扣
单结
2.5cm
单结
梯子形编织
木质串珠（配色随机）
将250cm的串珠线对折，2根线并在一起使用
皮绳穿过贝壳纽扣

1 将2根60cm的光面皮绳对折，留出能够穿过纽扣的大小后，打1个单结。

2 将250cm的串珠线对折，将靠近自己的1根光面皮绳，穿入对折后的串珠线的中间。

3 将2根串珠线穿到串珠针上，参照图示，将左端第1列的串珠（圆形串珠3颗）穿到串珠线上。

4 将步骤3穿入的串珠，按照图示的位置，放到光面皮绳的中间，并用手指在光面皮绳的下面按着（→去）。

5 将串珠线从距离自己远的一方向距离自己近的一方穿，此时应在光面皮绳的上面，并且依次穿过在步骤4中排列好的串珠的孔（→回）。

6 将第2列的串珠穿到串珠线上，将串珠线由远向近穿、拉，与步骤4相同，参照图示，排列好串珠的位置。重复步骤4、5。

7 一直穿到最后1列后，将串珠线在距离自己近的1根光面皮绳上打3个结。

8 回1或2列的针，之后将多余的串珠线剪断。

9 将贝壳纽扣穿在距离自己近的第2根光面皮绳上。根据自己手腕的粗细来调节贝壳纽扣的位置。

10 在贝壳纽扣的外侧，把4根光面皮绳并在一起打1个单结，将皮绳剪齐即完成。

糖果色的双层手链
材料
● MARCHEN-ART 木质串珠 圆球状6mm（孔径约3mm）原木色（W581）50颗
● MARCHEN-ART 复古皮绳直径1.5mm 原白色（501）100cm
● 直径15mm的贝壳纽扣(2孔)1颗
● FUJIX MOCO（刺绣线）绿色（50）或粉色（247）或蓝绿色（168）300cm

直径15mm的贝壳纽扣
直径1.5mm的皮绳100cm
约31cm
木质串珠 50颗
2.5cm
2.5cm
将纽扣穿入皮绳的中心
单结
梯子形编织
将300cm的刺绣线对折，2根线并在一起使用
单结

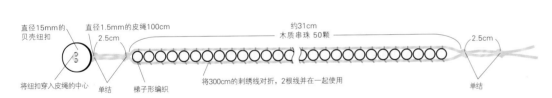

1 将纽扣穿入皮绳的中心，在纽扣的根部及距离那里2.5cm的地方各打1个单结。

2 将300cm的刺绣线对折，将靠近自己的1根皮绳，穿入对折后的刺绣线的中间。

3 将2根刺绣线穿到串珠针上，将1颗木质串珠穿到刺绣线上，用手指从下方将串珠按在2根皮绳中间（→去）。

4 将刺绣线从距离自己远的一方向距离自己近的一方，绕过皮绳的上面，穿入步骤3中串珠的孔（→回）。

5 一个一个地穿，进行梯子形编织。

6 穿上最后1颗串珠后，将刺绣线在距离自己近的1根皮绳上打2个结。

7 回3颗串珠左右的针，之后将多余的刺绣线剪断。

8 紧贴着最后1颗串珠以及距其2.5cm处各打1个单结，将皮绳剪齐即完成。

宠物的头饰

编织的 cosplay ？！

最近，在喜欢宠物的人们之间，流行着一个热门话题——头饰。
本身就很可爱的宠物，戴上了头饰之后就变得更加可爱了。
虽然市面上逐渐也有卖的了，但是为了戴出个性，还是手作的最好！
下面就为大家介绍爱猫博主kuronekone为了爱猫SASUKE制作的头
饰作品以及最新的2款作品的制作方法。

球球帽和项圈

喵呜

狮子帽

背面

使用带有春色烂漫的感觉的粉色渐
变线制作的带有球球的帽子和项圈。

搞笑的狮子的表情与严肃的SASUKE的眼神产生的强烈对比，绝无仅有。改
变一些部分，就能变化成各种各样的动物，十分有趣。

河童

头上的碟子和背上的甲壳，怎么
看都是河童（日本传说中的河中
的妖怪）。这已经超过了头饰的
范围，简直就是cosplay。

SASUKE的头饰大集合 collection

\ 第一次 /
制作头饰的建议

1 绝不可以强制宠物穿戴！

2 平时在抚摸宠物的头时，
按倒耳朵，使其习惯。

3 宠物戴上头饰后，要满面笑容
地不断夸奖它！

照片、头饰的制作／kuronekone
从爱猫SASUKE到家里之后，开始写博客。与自己的兴趣结合，
开始用钩针制作头饰。为了能够记录下猫咪可爱的样子，甚至
参加了宠物拍摄班。于2014年2、3月在京都市北白川cafe_
tamayuran举办了照片展。
http://fuwanene.exblog.jp

不要紧

金色发髻
戴着憨傻先生标志性的金色发髻，
还穿着整齐的和服短褂，自我陶醉
的SASUKE。

鲤鱼旗
端午节的时候，在头顶升起了
鲤鱼旗。

LOVE

丘比特
这是情人节时制作的作品。爱神的弓
箭、背后的翅膀，在这诸多的小道具
上下了很大的功夫。

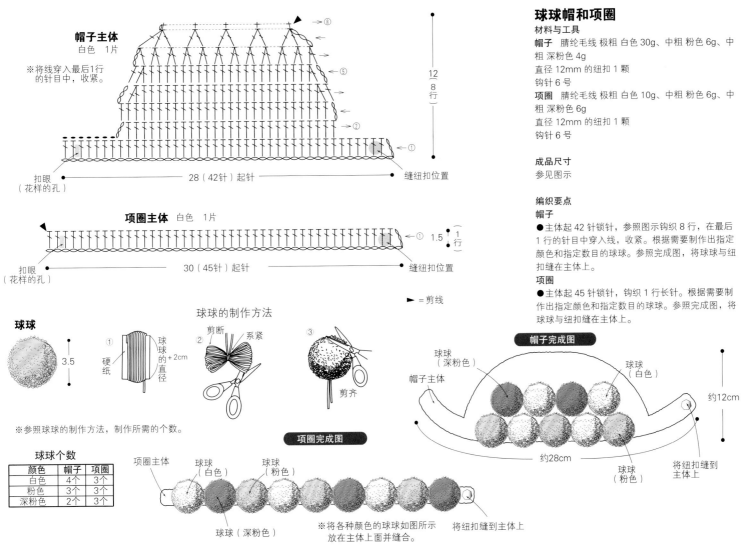

帽子主体 白色 1片

※将线穿入最后1行的针目中，收紧。

扣眼（花样的孔）

28（42针）起针

缝纽扣位置

12（8行）

⑧ ⑤ ② ①

项圈主体 白色 1片

扣眼（花样的孔）

30（45针）起针

缝纽扣位置

1.5（1行）

① ①

► = 剪线

球球

3.5

球球的制作方法

① 硬纸 球球的+2cm 直径

② 剪断 系紧

③ 剪齐

※参照球球的制作方法，制作所需的个数。

球球个数

颜色	帽子	项圈
白色	4个	3个
粉色	3个	3个
深粉色	2个	3个

项圈完成图

项圈主体 球球（白色） 球球（粉色） 球球（深粉色）

将纽扣缝到主体上

※将各种颜色的球球如图所示放在主体上面并缝合。

球球帽和项圈

材料与工具

帽子 腈纶毛线 极粗 白色30g、中粗 粉色 6g、中粗 深粉色 4g
直径 12mm 的纽扣 1颗
钩针 6 号

项圈 腈纶毛线 极粗 白色 10g、中粗 粉色 6g、中粗 深粉色 6g
直径 12mm 的纽扣 1颗
钩针 6 号

成品尺寸

参见图示

编织要点

帽子

●主体起 42 针锁针，参照图示钩织 8 行，在最后 1 行的针目中穿入线，收紧。根据需要制作出指定颜色和指定数目的球球。参照完成图，将球球与纽扣缝在主体上。

项圈

●主体起 45 针锁针，钩织 1 行长针。根据需要制作出指定颜色和指定数目的球球。参照完成图，将球球与纽扣缝在主体上。

帽子完成图

球球（深粉色） 帽子主体 球球（白色）

约12cm

约28cm

球球（粉色）

将纽扣缝到主体上

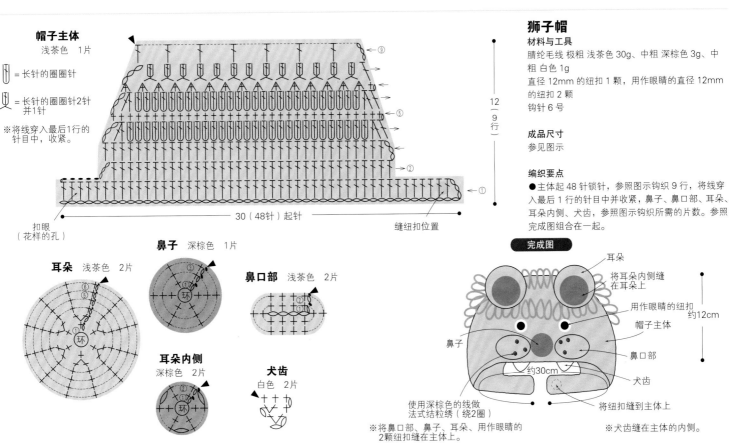

帽子主体 浅茶色 1片

= 长针的圈圈针

= 长针的圈圈针2针并1针

※将线穿入最后1行的针目中，收紧。

扣眼（花样的孔）

30（48针）起针

缝纽扣位置

12（9行）

⑨ ⑤ ② ①

耳朵 浅茶色 2片

环

鼻子 深棕色 1片

环

鼻口部 浅茶色 2片

环

耳朵内侧 深棕色 2片

环

犬齿 白色 2片

狮子帽

材料与工具

腈纶毛线 极粗 浅茶色 30g、中粗 深棕色 3g、中粗 白色 1g
直径 12mm 的纽扣 1颗，用作眼睛的直径 12mm 的纽扣 2颗
钩针 6 号

成品尺寸

参见图示

编织要点

●主体起 48 针锁针，参照图示钩织 9 行，将线穿入最后 1 行的针目中并收紧，鼻子、鼻口部、耳朵、耳朵内侧、犬齿，参照图示钩织所需的片数。参照完成图组合在一起。

完成图

耳朵

将耳朵内侧缝在耳朵上

用作眼睛的纽扣
约12cm

帽子主体

鼻子

鼻口部

犬齿

约30cm

将纽扣缝到主体上

使用深棕色的线做法式结粒绣（绕2圈）

※将鼻口部、鼻子、耳朵、用作眼睛的2颗纽扣缝在主体上。

※犬齿缝在主体的内侧。

分享快乐！
编织玩具手工部

可以直接地表现出制作者的个性的就是编织玩具了。
每当看到充满了独创性的作品，不由得都会非常开心。
这次的作品也都是载有满满的幸福的！

摄影：Yukari Shirai,Noriaki Moriya　设计：Akiko Suzuki　撰文：Sanae Nakata

放松~
不要着急哦

Back Style

男熊后面的尾巴是用羊毛毡制作的。时尚的帽子里带有安全别针，可以摘下来。

会员编号…76

带来幸福的 KODAMA

这是想象着"树中的精灵"和"语言中的神灵"而创作出来的。希望遇到它们的人能够露出笑脸，饱含着给大家带来幸福的愿望，制作了许多不同的颜色的作品。

设计 / ZAZIE
http://kodamalife.exblog.jp /

会员编号…77

初次约会的小熊

带着同款围巾的天真的小熊情侣。身体使用了同系列的毛线钩织，看起来十分和谐。鼻子、脸蛋、耳朵内侧等，是用羊毛毡制作的。

设计 / milkmia
http://ameblo.jp / milkmia2011 /

酷酷的表情

会员编号…78

小精灵和寿司卷尺

使用蕾丝线为卷尺钩织了一个寿司形的外罩。按住寿司的中心，连在卷尺头上的小精灵就骨碌碌地回来了。

设计 / MAMEGURUMI工作室
http://www.eonet.ne.jp / ~amigurumi / index.html

Back Style

狗毛设计得与实际的生长方向相同。阿富汗猎犬细长的身体也编织得非常漂亮，很遗憾，在外面是看不到的。

会员编号…79

长毛狗狗

这是长毛类的马尔济斯犬和阿富汗猎犬。先编织身体，再一根一根仔细地植毛上去，最后剪成整齐的长度。

设计 / POTEPOTE
http://etote-marke,jp / creator / narasaki/

会员编号…81

小鸟、瓢虫、蜜蜂的发饰

戴在小朋友的头上，仿佛是带着它们一起去散步的感觉。全部是全长在2~3cm的迷你尺寸。还搭配了小花和叶子。

设计 / MAMEGURUMI工作室
http://www.eonet.ne.jp / ~amigurumi / index.html

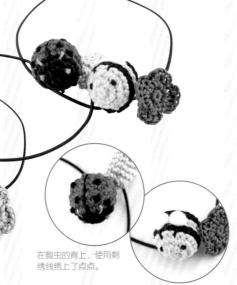

在瓢虫的背上，使用刺绣线绣上了点点。

在蜜蜂的背上，使用羊毛毡制作了小翅膀。

哥哥，等等我

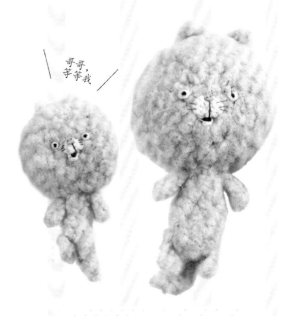

会员编号…80

猫次郎和猫三郎

使用蓬蓬的毛线制作的猫猫兄弟。它们带着笨拙而又可爱的表情，十分有特点。设计者在博客中还介绍了它们俩之间有趣的故事。

设计 / POTOKO
http://pocotonoamigurumi.blog.fc2.com/

61

编织的 Q 和 A

在书中看到的编织用语中，会不会有觉得自己明白，
但仔细一想却不知道具体是什么意思的词呢？
如果加深了理解，做出来的作品也会更加好看，
你会觉得编织更有乐趣哦。

摄影：Kana Watanabe

Q 什么是密度？

 密度是编织时的基准，表示的是针目的大小。即便是同样的线，编织的人不同，大小有时也会发生改变。衣服、帽子等穿戴在身上的东西，我们都希望能够编织出理想的尺寸。这个时候就有必要先计算出密度。使用自己平时的手法，先编织15cm见方的织片，选择中间比较均匀的10cm见方的部分，来数一下里面包含着的针数和行数吧。

密度的测量方法

参考书中的密度，选择编织花样易于区分的部分，起针编织。
再编织与刚刚的长度大致相同的长度的行数。
使用蒸汽熨斗，轻轻地熨烫一下编好的织片，让织片水平、垂直方向都变得平整。当蒸汽散去后，测量密度。
在10cm见方的范围内，若在边上出现了非整数的情况，则根据长度四舍五入，或是记作0.5针（0.5行）。几毫米的误差，不需要太在意。

针数、行数的计数方法
（以长针为例）

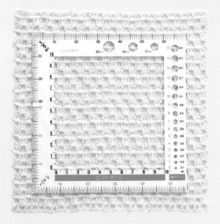

编织计算密度的织片的方法

● 规则的花样
密度：10cm×10cm面积内32针，14行
1个花样为4针、2行的情况下

3.2针×15=48针（长度为15cm的织片中可以编织48针）
1个花样为4针，48除以4可以整除
（48针÷4针=12个花样）
4针×12个花样＋1针（边上的针目）=49针
1.4行×15=21行（长度为15cm的织片中可以编织21行）
此种情况，起49针开始编织，编织到第21行为止即可。
※根据花样不同，有时需编织到易于区分的部分为止。

编织花样

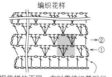

根据花样的不同，有时需编织基础行。
※框内4针2行为1个花样。

● 复杂的花样
多编织几个花样，测出1个花样（X针Y行）的长和宽分别是几厘米。多测几个，求平均数。

● 花片
编织1片花片，测量大小。

Q 如果与书中的密度不一样，要怎么办才好？

 如果使用的是书中同样的线、同样的针，但实际编织出来的针数或行数比书中的数字多了或是少了，可以通过换不同型号的针来调整密度。

针数、行数比书中的数目多时
是因为针目编织得过紧，所以编织完成的织片变小了
→可以编织得稍微松一些，或是换成粗一些的针，进行调整

针数、行数比书中的数目少时
是因为针目编织得过松，所以编织完成的织片变大了
→可以编织得稍微紧一些，或是换成细一些的针，进行调整

※若是使用不同的线进行编织的话，要先计算好实际密度，再根据作品的尺寸调整针数和行数。

memo 密度调整

所谓的密度调整，是通过变换针的粗细，来调整针目的大小。利用这种方式，比如说，第11页蕾丝修身无袖裙的裙子部分，就是钩织同样的针数，但通过变换针的号数，钩织出了梯形。

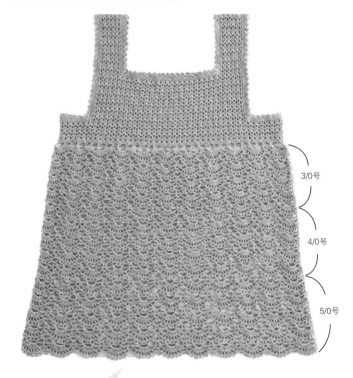

3/0号

4/0号

5/0号

要点 针越粗针目越大
针越细针目越小。

定价：49.00 元

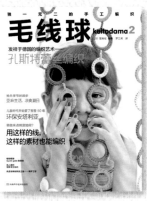

定价：49.00 元

定价：49.00 元

河南科学技术出版社
精品图书推荐

定价：49.00 元

定价：49.00 元

定价：49.00 元

定价：49.00 元

定价：49.00 元

定价：49.00 元

定价：49.00 元

定价：49.00 元

定价：49.00 元

定价：49.00 元

定价：49.00 元

定价：39.80 元

定价: 49.00 元

定价: 49.00 元

定价: 49.00 元

河南科学技术出版社
精品图书推荐

定价: 49.00 元

定价: 49.00 元

定价: 29.80 元

定价: 29.80 元

定价: 29.80 元

定价: 29.80 元

定价: 29.80 元

定价: 38.00 元

定价: 36.00 元

定价: 36.00 元

定价: 36.00 元

编织基础知识和制作方法

钩针

带有这个符号的内容，可以到以下网址查看视频。
http://www.tezukuritown.com/lesson/knit/basic/kagibari/index.html

钩针的拿法、挂线的方法

右手
（钩针的拿法）

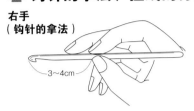

使用大拇指和食指轻轻地拿着
钩针，并放上中指。

左手
（挂线的方法）

1 将线穿到中间2根手指的内侧，线团留在外侧。

2 若线很细或者很滑，可以在小拇指上绕1圈。

拉紧备用

3 食指向上抬，可将线拉紧。

符号图的看法

往返编织

所有种类的针目均使用符号表示（参见编织符号）。将这些编织符号组合在一起就成为符号图，是在编织织片（花样）时需要用到的。
符号图标示的都是从正面看到的样子。但实际编织的时候，有时会从正面编织，有时也会将织片翻转后从反面编织。

看符号图的时候，我们可以通过看立织的锁针在哪一边来判断是从正面编织还是从反面编织。立织的锁针在一行的右侧时，这一行就是从正面编织的；当立织的锁针在一行的左侧时，这一行就是从反面编织的。看符号图时，从正面编织的行是从右向左看的；与之相反，从反面编织的行是从左向右看的。

从中心开始环形编织（花片等）

在手指上绕线，环形起针，像是从花片的中心开始画圈一样，逐渐向外编织。
基本的方法是，从立织的锁针开始，向左一行一行地编织。

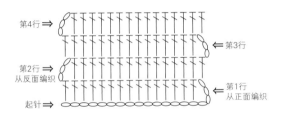

第4行
第3行
第2行 从反面编织
第1行 从正面编织
起针

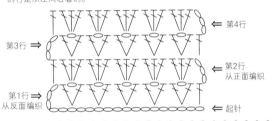

第4行
第3行
第2行 从正面编织
第1行 从反面编织
起针

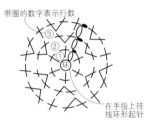

带圈的数字表示行数

在手指上挂线环形起针

锁针起针的挑针方法

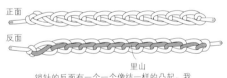

正面
反面
里山

锁针的反面有一个一个像线结一样的凸起。我们将这些凸起叫作"里山"。

挑取锁针的里山
由于锁针正面的针目保持不动，所以挑取之后依旧平整。适合不进行边缘编织的情况。

挑取锁针的半针和里山
这样挑针方便，比较稳固。适合编织镂空花样等，需要跳过若干针挑针，或是使用细线编织的情况。

在手指上挂线环形起针

线头
线团一端

1 将线头在左手的食指上绕2圈。

用大拇指和中指按住

2 按着交叉点将环取下，注意不要破坏环的形状。

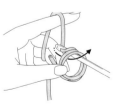

3 换做左手拿环，将钩针插入环的中间，挂线后，从环的中间拉出。

4 再次挂线，引拔。

锁针连成环形起针

引拔

1 钩织所需要的数目的锁针，将钩针插入第1针锁针的半针和里山处。

2 在针上挂线，引拔。

5 在环上有了针目。但这一针不计入针数中。

将中心收紧

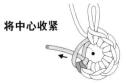

6 拉动线头，环中的一根线（●）会动。

7 拉着会动的这一根线，将另一根线（★）收紧。

8 再次拉动线头，离线头近的线（●）也会收紧。

引拔的针目

3 锁针连成了环形。

65

带有这个符号的内容，可到以下网址查看视频。
http://www.tezukuritown.com/lesson/knit/code/kagibari.html

锁针

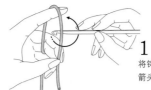

1 将钩针放在线的后面，按照箭头的方向绕1圈。

2 按照箭头的方向转动钩针，挂线。

3 将线拉出。

4 拉紧线头，将环收紧。这是边上的1针，不计入针数中。

↓拉紧

5 按照箭头的方向转动钩针，挂线。

6 将线拉出。

7 1针锁针钩织完成。

1针锁针

短针

＋（✕）

1 如箭头所示，插入钩针。

2 在针上挂线，按照箭头的方向拉出。

3 此时的状态叫作"未完成的短针"。再次在针上挂线，从2个线圈中引拔出。

4 1针短针钩织完成。

引拔针

●

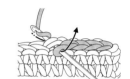

插入钩针，在针上挂线，引拔出。

中长针

T

1 在针上挂线，按照箭头的方向插入钩针。

2 在针上挂线，按照箭头的方向拉出。

3 此时的状态叫作"未完成的中长针"。再次在针上挂线。

4 将针从3个线圈中一次性引拔出。

5 1针中长针钩织完成。

短针的条纹针（环形编织）

±

挑取前1行针目头部的后侧半针，钩织短针。都是看着正面钩织的。

※往返编织时，从反面钩织的行，要挑取前侧半针。

长针

T

1 在针上挂线，按照箭头的方向插入钩针。

2 在针上挂线，按照箭头的方向拉出。

3 在针上挂线，从针尖一侧的2个线圈中引拔出。

4 此时的状态叫作"未完成的长针"。在针上挂线，从剩下的2个线圈中引拔出。

5 1针长针钩织完成。

短针的棱形针

±

每一次均挑取前1行针目头部的后侧半针，钩织短针。每一行钩织的方向都有改变。

长长针

T（带横线）

1 将线在针上绕2圈，按照箭头方向插入钩针。

2 在针上挂线，拉出，再一次在针上挂线，从针尖一侧的2个线圈中引拔出。

3 再次在针上挂线，从针尖一侧的2个线圈中引拔出。

4 再次挂线，从剩下的2个线圈中引拔出。

短针1针放2针

V

1 挑取前1行针目的头部2根线，钩织1针短针。

2 将钩针插入同一针目中，再钩织1针短针（增加了1针）。

四卷长针

T（多横线）

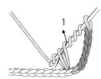

1 在针上绕4圈线，按照箭头的方向插入钩针。

2 在针上挂线，从针尖一侧的2个线圈中引拔出。

3 再次挂线，从针尖一侧的2个线圈中引拔出，再重复2次这个步骤。

短针2针并1针

↑

1 在针上挂线，拉出，将钩针插入下1针目中，同样挂线拉出。

2 再次在针上挂线，从针上的3个线圈中引拔出。

3 短针2针并1针钩织完成（减少了1针）。

※中长针、长针等的并针，虽然钩织方法不同，针数不同，但基本要领都相同。都是钩织了指定数目的未完成的针目后一次性地引拔而成的。

3针长针的枣形针（整段挑起）

1 在针上挂线后，将钩针插入前1行锁针下面的空隙（整段挑起）。

2 钩织3针未完成的长针，在针上挂线，从上的4个线圈中一次性引拔出。

3 3针长针的枣形针钩织完成。

变化的3针中长针的枣形针（织在针目上）

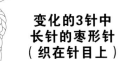

1 钩织3针未完成的中长针，从针上的6个线圈中引拔出（留下最右边的线圈）。

2 再次在针上挂线，从针上剩下的2个线圈中引拔出。

3 变化的3针中长针的枣形针钩织完成。

※中长针、长针等的枣形针，虽然钩织方法不同、针数不同，但基本要领都相同。都是钩织了指定数目的未完成的针目后一次性地引拔而成的。

※符号图中，底部连在一起的，是在前1行的同一个针目中插入钩针的；底部分开的，是将前1行的锁针或针目整段挑起钩织的。

长针的正拉针

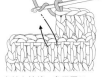

1 在针上挂线，参照图示，从正面入针，挑取针目尾部。

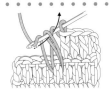

2 在针上挂线，拉出较长的一段，再次在针上挂线，从钩针上的2个线圈中引拔出。

3 再一次在针上挂线，从剩下的2个线圈中引拔出（钩织长针）。

4 长针的正拉针钩织完成。

长针的反拉针

在针上挂线，参照图示，从后面入针，挑取针目尾部，钩织长针。

长针的圈圈针

1 在针上挂线，左手的中指从线的上面向后侧压，挑取前1行的针目。

2 左手的中指保持按住线的状态，在针上挂线，钩织长针。

3 将中指拿开后，圆环出现在反面（挂在手指上的线的长度即为圈圈的大小）。

5针长针的爆米花针（织在针目上）

1 钩织5针长针。暂将钩针拿开，按照图示，从正面插入第1针长针中。

2 将刚才松开的针目从第1针中拉出。

3 为了不让刚刚拉出的针目过于松散，钩织1针锁针，使其收紧。

反短针

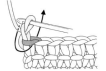

1 立织1针锁针，按照箭头的方向转动钩针，挑起前1行边上的针目头部2根线。

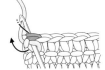

2 如图所示，从线的上方挂线，直接按照箭头的方向拉出。

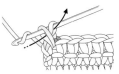

3 在针尖上挂线，从针上的2个线圈中引拔（短针）。

4 反短针钩织完成。
※接下来的针目重复步骤1~3（从左向右钩织）。

● 看着反面钩织的情况

从后向前插入钩针，将针目拉出至后面（正面）。

变化的长针1针交叉（右上）

1 钩织长针，在针上挂线，挑起前面的针目，将线拉出到刚刚钩织的长针的前方。

2 在针上挂线，每次引拔2个线圈，共引拔2次（钩织长针），于是右侧的长针在前的交叉完成。

变化的长针1针交叉（左上）

1 钩织长针，在针上挂线，挑取前面的针目，将线拉出至刚刚钩织的长针的后方。

2 在针上挂线，每次引拔2个线圈，共引拔2次（钩织长针），于是左侧的长针在前的交叉完成。

长针1针交叉

若符号图中交叉的线没有断，则在挑线的时候包裹着前面的长针，使2针长针交叉在一起。

※拉针、交叉针等，虽然钩织方法不同，针数不同，但基本要领都相同。符号图中断开的线，都是指在交叉中出现在后方的部分。

3针锁针的引拔狗牙针（钩织在长针上）

1 钩织3针锁针，按照箭头的方向，将钩针插入长针的头部1根线和尾部1根线处。

2 在针上挂线，按照箭头的方向一次性引拔出。

3 在长针的上面钩织完成了3针锁针的引拔狗牙针。

编入串珠的方法 ＊编入的串珠出现在反面

锁针

将串珠拉近，在针上挂线后钩织锁针。

短针

在未完成的短针的状态时，将串珠拉近，钩织短针。

长针（在1针上编入2颗串珠的情况）

1 在针上挂线，挑取前1行的针目，将线拉出，拉近1颗串珠后，在针上挂线，从针尖侧的2个线圈中引拔出。

2 在未完成的长针的状态下，再拉近1颗串珠，在针上挂线，从剩下的2个线圈中引拔出。

棒针的拿法

法式

是将线挂在左手食指上的编织方法，10根手指毫无浪费，都合理地做着动作，可以加快编织速度。建议初学者使用这种方法。

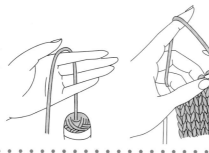

棒针的法式拿法，是使用大拇指和中指拿针，无名指、小拇指自然地放在后面。右手的食指也放在棒针上，可以调整棒针的方向和按住边上的针目以防止脱针。用整个手掌拿着织片。

正确的编织形态	
下针	上针

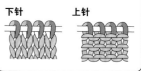

手指挂线起针

这种起针方法简单，并且除了编织所需的针与线之外不需要任何的工具。使用这种方法起针，边具有伸缩性、薄，而且不会卷边。挂在棒针上的针目就是第1行了。

1 从线头开始计算，在所需编织宽度的3倍长度的地方绕1个圈，将线从圈中拉出1个环。

2 穿入2根棒针，拉2条线，使环收缩。

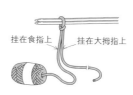

3 第1针完成。将线头一侧挂在大拇指上，线团一侧挂在食指上。

4 按照指尖上1、2、3的顺序，转动棒针进行挂线。

5 放开挂在大拇指上的线。

6 按照箭头的方向放入大拇指，将针目收紧。

7 第2针完成。重复步骤4~6。

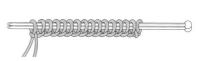

8 起针完成。这就是第1行。抽出1根棒针后再编织第2行。

挑取另线锁针的里山起针

这是先使用与编织作品不同的线钩织锁针，再挑取针目的里山编织的起针方法。之后可以解开另线锁针，再向反方向编织。

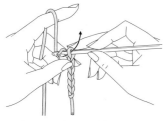

1 参照66页，起比所需数量略多几针的锁针。

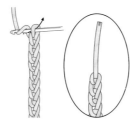

2 再次挂线，引拔，将线拉出后剪断。

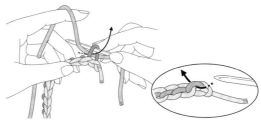

3 将棒针插入另线锁针编织终点一侧针目的里山处，挑织片所使用的线。

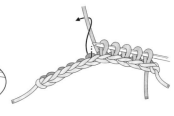

4 从每一针目的里山中挑取新的针目，直至所需要的针数。

从另线锁针的起针上挑针

●从另线锁针的编织终点开始挑针编织时

右侧

1 看着织片的反面，将棒针插入另线锁针的里山处，将线头拉出。

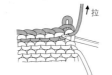

2 将棒针插入边上的针目中，解开另线锁针。

3 解开1针时的样子。

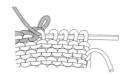

4 每解开1针另线锁针，即用棒针挑取1针。

左侧

5 最后1针保持扭着的状态，直接挑取，将另线拿走。

6 挑取完成之后的样子。

●在挑取的针目上编织第1行（在右侧减1针的方法）

右侧

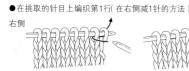

1 换方向拿织片，按照箭头的方向，将棒针插入右侧的针目中。

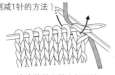

2 在右棒针上挂上新的线，编织下针。

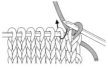

3 编织完成1针的样子。下1针也是按照箭头的方向入针，编织下针。

左侧

4 将线头从后向前挂在左棒针上，按照箭头的方向，将左棒针上的最后1针移到右棒针上。

5 将移到右棒针上的针目再移回左棒针，按照箭头的方向插入右棒针。

6 和线头一起编织下针后，第1行编织完成。

下针

| |

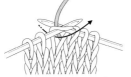

将右棒针插入需要编织的针目中，挂线后按照箭头的方向，将线拉出至前方。

 上针

| — |

将右棒针插入需要编织的针目中，挂线后按照箭头的方向，将线拉出至后方。

 挂针

| ○ |

将线从前向后挂到右棒针上。

 左上2针并1针

| ╱ |

1 按照箭头的方向将右棒针从左向右一次性地插入2针中。

2 在针上挂线，拉出，2针一起编织下针。

3 右棒针将线拉出后，顺势退左棒针，将针目松开。

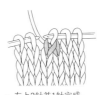

4 左上2针并1针完成。

 右上2针并1针

| ╲ |

不编织，直接移至右棒针上

1 右棒针从前向后插入右边的针目中，不编织，直接将针目移至右棒针上。

2 左边的针目编织下针。

盖住

3 左棒针挑起刚刚移至右棒针上的针目盖住步骤2编织的针目。

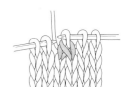

4 盖住后，退左棒针，将针目松开。

5 右上2针并1针编织完成。

 中上3针并1针

| 人 |

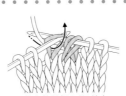

1 将右棒针按照箭头的方向插入左棒针上的2针中，不编织，直接将针目移至右棒针上。

2 将右棒针插入第3针中，挂线后拉出，编织下针。

3 将左棒针挑起最先移至右棒针上的2针目盖住刚刚编织的针目。

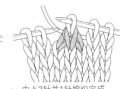

4 盖住之后，退出左棒针。

5 中上3针并1针编织完成。

 右上2针交叉

| ╳╳ |

※即便是针数不同，但基本要领都相同。

1 将针目1、2移至麻花针上，放在前面备用。

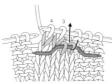

2 针目3、4编织下针。

3 将右棒针按照箭头的方向插入麻花针上的针目1中编织下针。

4 针目2也编织下针。

5 右上2针交叉完成。

 伏针收针（下针）

⬤

1 边上的2针编织下针。

盖住

2 使用左棒针挑取前1针盖住第2针。

3 伏针编织完成。

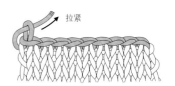

盖住　　　　拉紧

4 下1针也编织下针，使用左棒针挑起前1针盖住刚编织完成的下针。

5 重复步骤4。将线穿入最后1针中，拉紧。

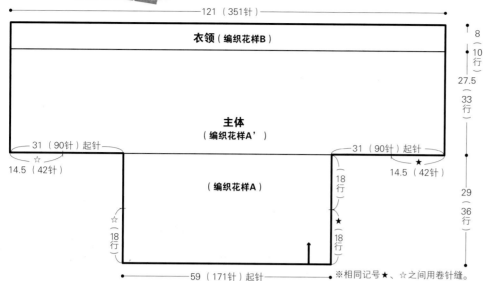

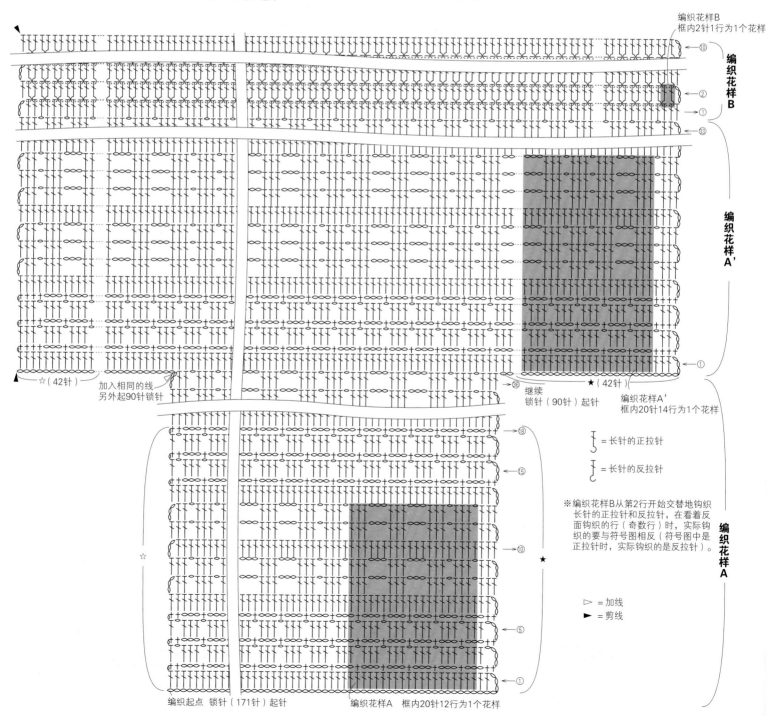

P4
围巾领式马甲

材料与工具
（后正产业）Pont du Gard 浅海蓝色（03）
255g
钩针 3/0 号

成品尺寸
衣长 56.5cm

密度
10cm×10cm 面积内：编织花样 A 29 针，12.5 行

编织要点
●起 171 针锁针，钩织 36 行编织花样 A。
●接着起 90 针锁针，参照图示从右侧开始钩织编织花样 A'。钩织至左侧时，加入相同的线起 90 针，挑取起针的针目继续钩织。从第 34 行开始，钩织 10 行编织花样 B。
●相同记号★、☆之间用卷针缝，成为袖下。

衣领（编织花样B）

主体
（编织花样A'）

（编织花样A）

121（351针）

8
10 行
27.5
33 行

31（90针）起针
14.5（42针）

31（90针）起针
14.5（42针）

18 行
29
36 行
18 行

59（171针）起针

※相同记号★、☆之间用卷针缝。

编织花样B
框内2针1行为1个花样

编织花样B

编织花样A'

编织花样A'
框内20针14行为1个花样

☆（42针）
加入相同的线
另外起90针锁针

继续
锁针（90针）起针

★（42针）

编织花样A

长针的正拉针
长针的反拉针

※编织花样B从第2行开始交替地钩织长针的正拉针和反拉针，在看着反面钩织的行（奇数行）时，实际钩织的要与符号图相反（符号图中是正拉针时，实际钩织的是反拉针）。

▷ = 加线
► = 剪线

编织起点 锁针（171针）起针

编织花样A 框内20针12行为1个花样

P5
祖母手提包

材料与工具
（后正产业）Wild life 海蓝色（08）200g
钩针 6/0 号
里袋用布 44cm×42cm

成品尺寸
宽 27cm，深 21cm

密度
编织花样：1 个花样为 4cm，10cm 为 9.5 行

编织要点
● 主体起 64 针锁针后，钩织 38 行编织花样。
● 从主体的两端挑取针目钩织包口，钩织 4 行短针。在钩织边缘编织的同时钩织提手，共钩织 5 行。
● 将边缘编织的 5 行向内侧折回一半，用卷针缝缝一圈。
● 里袋的尺寸为在主体尺寸的基础上各加 1cm 的缝份。将缝份折向反面，在抓褶的同时用卷针缝缝到边缘编织的缝合处。

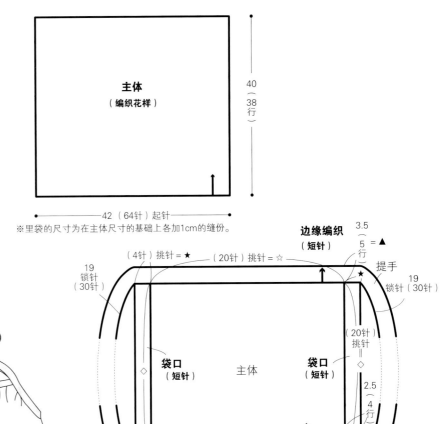

主体
（编织花样）

40
（38
行）

—— 42（64针）起针 ——

※里袋的尺寸为在主体尺寸的基础上各加1cm的缝份。

完成图

里袋是将缝份折向反面后，缝在织片上

反面相对对折，用卷针缝缝一圈

边缘编织
（短针）

3.5
5
行 = ▲

提手

19
锁针
（30针）

（4针）挑针 = ★
（20针）挑针 = ☆

19
锁针
（30针）

（20针）
挑针
= ◇

袋口
（短针）

主体

袋口
（短针）

2.5
4
行

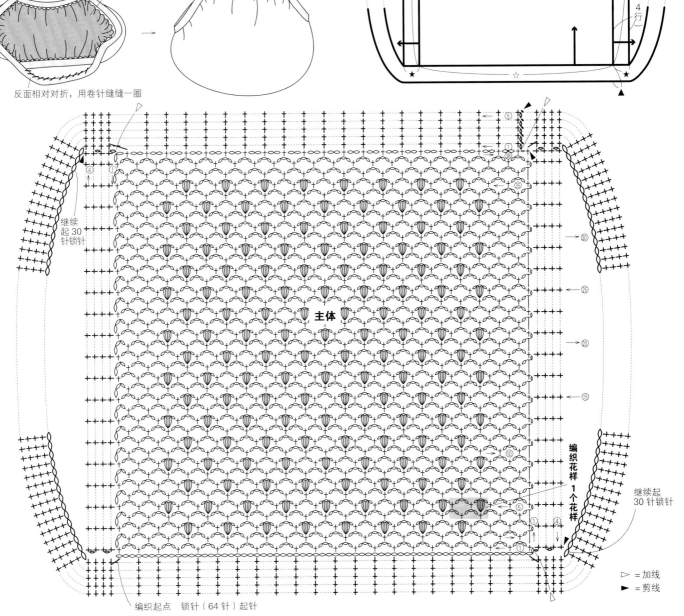

主体

继续
起30
针锁针

编织
花样
1个花样

继续起
30针锁针

编织起点 锁针（64针）起针

▷ = 加线
► = 剪线

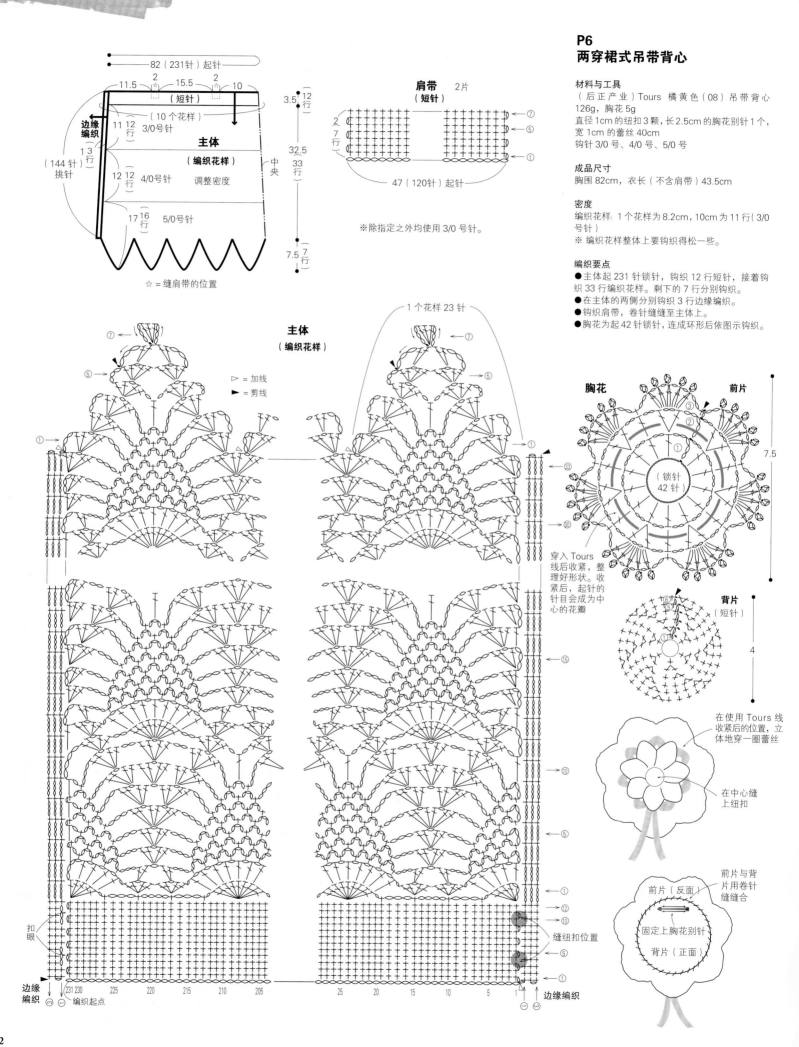

P6
两穿裙式吊带背心

材料与工具
（后正产业）Tours 橘黄色（08）吊带背心 126g，胸花 5g
直径 1cm 的纽扣 3 颗，长 2.5cm 的胸花别针 1 个，宽 1cm 的蕾丝 40cm
钩针 3/0 号、4/0 号、5/0 号

成品尺寸
胸围 82cm，衣长（不含肩带）43.5cm

密度
编织花样：1 个花样为 8.2cm，10cm 为 11 行（3/0 号针）
※ 编织花样整体上要钩织得松一些。

编织要点
● 主体起 231 针锁针，钩织 12 行短针，接着钩织 33 行编织花样。剩下的 7 行分别钩织。
● 在主体的两侧分别钩织 3 行边缘编织。
● 钩织肩带，卷针缝缝至主体上。
● 胸花为起 42 针锁针，连成环形后依图示钩织。

P5
竹篮花发带

材料与工具
（后正产业）Mulberry 银灰色（03）50g
棒针6号、4号

成品尺寸
头围51.5cm，宽8cm

密度
编织花样：8cm为40针，10cm为32行（6号针）
10cm×10cm面积内：下针编织为28.5针，
27.5行（4号针）

编织要点
●使用6号针，手指挂线起针40针，编织153行编织花样。
●换为4号针，编织11行下针编织。编织终点伏针收针。
●◎与◎之间用卷针缝，连接成环形。○与○均折向反面后，挑针接缝。

完成图

正面
挑针接缝
反面
卷针缝

主体
14（40针）
（下针编织）4号针
（编织花样）6号针
47.5（153行）
4（11行）
8（40针）起针

主体
伏针收针
下针编织
编织花样
10针12行1个花样
□ = □

P7
防晒袖套

材料与工具
（后正产业）Julien 象牙色（71）45g，银灰色（72）5g
直径1.5cm的纽扣2颗
钩针3/0号

成品尺寸
掌围21cm，长23cm

密度
10cm×10cm面积内：编织花样A 30针，13.5行；编织花样B 30针，15行

编织要点
●主体起64针锁针，连成环形后，钩织编织花样A、B。在钩织编织花样B的第12行的指定位置时，钩织9针锁针，留出大拇指的位置，然后钩织2行，最后钩织1行边缘编织。
●在起针另一侧也钩织1行边缘编织。
●使用同样的方法（要改变大拇指的位置），钩织另一只。
●使用银灰色的线起35针，钩织2条相同的带子。缝上纽扣后，穿到指定位置。

主体 2片
右手大拇指位置 象牙色
边缘编织
3（9针）左手大拇指位置
3（11针）
（编织花样B）
（编织花样A）
21（64针）起针
边缘编织（64针）挑针

完成图
右手 带子（反面） 手背
右手 带子 手背
穿带子
将带子折向正面，系上纽扣
※左手处对称地钩织。

主体 象牙色 2片
左手大拇指的位置
右手大拇指的位置
侧边
边缘编织
编织花样B
4针2行1个花样
穿带子的位置
编织花样A
4针1行1个花样
边缘编织

带子（右手）右手、左手各1片 银灰色
缝纽扣位置
扣眼位置
编织起点（锁针64针）
※对称地钩织左手的带子。
13（35针）起针

73

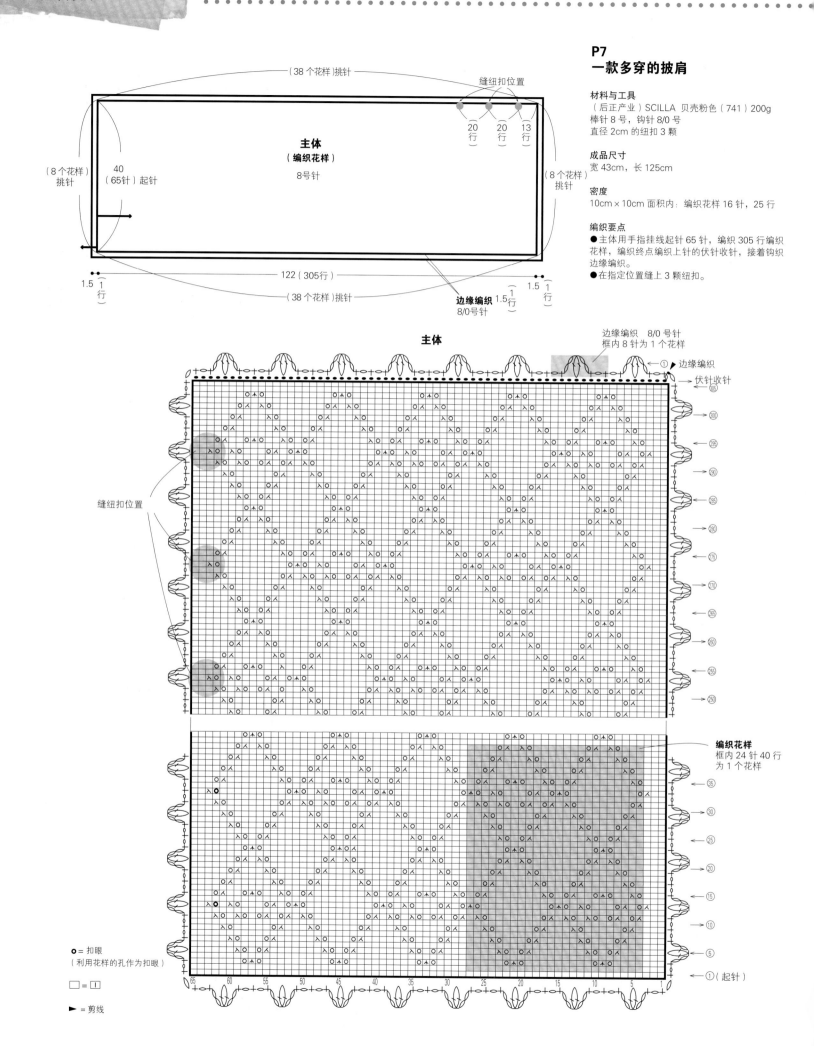

P7
一款多穿的披肩

材料与工具
（后正产业）SCILLA 贝壳粉色（741）200g
棒针 8 号，钩针 8/0 号
直径 2cm 的纽扣 3 颗

成品尺寸
宽 43cm，长 125cm

密度
10cm×10cm 面积内：编织花样 16 针，25 行

编织要点
● 主体用手指挂线起针 65 针，编织 305 行编织花样，编织终点编织上针的伏针收针，接着钩织边缘编织。
● 在指定位置缝上 3 颗纽扣。

主体

（38 个花样）挑针

缝纽扣位置

20 行　20 行　13 行

主体
（编织花样）
8 号针

（8 个花样）挑针
40（65 针）起针
（8 个花样）挑针

122（305 行）

1.5 1 行
（38 个花样）挑针

边缘编织
8/0 号针
1.5 1 行

1.5 1 行

边缘编织　8/0 号针
框内 8 针为 1 个花样

边缘编织

伏针收针

缝纽扣位置

编织花样
框内 24 针 40 行为 1 个花样

○ = 扣眼
（利用花样的孔作为扣眼）

□ = □

► = 剪线

（1）起针

P9
一字领宽松披风

材料与工具
（后正产业）Framboise 灰白色（07）350g
钩针 4/0 号

成品尺寸
宽 95cm，衣长 45cm

密度
10cm×10cm 面积内：编织花样 A 23.5 针，7.5 行

编织要点
●起 225 针锁针，钩织 33 行编织花样 A。再钩织 1 片相同的织片。
●胁部挑针接缝成环形，在下摆钩织 1 行编织花样 B。
●肩部使用引拔针的锁针接缝。
●在领口、袖边钩织边缘编织。

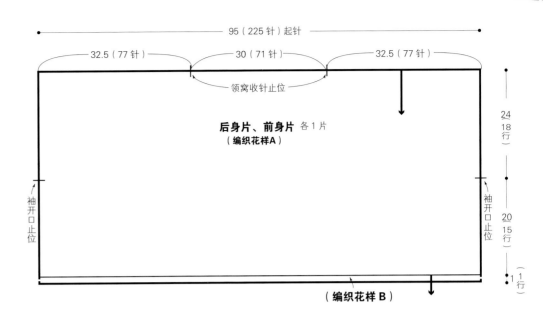

95（225 针）起针

32.5（77 针）　　30（71 针）　　32.5（77 针）

领窝收针止位

后身片、前身片 各 1 片
（编织花样A）

袖开口止位　　袖开口止位

24 / 18 行
20 / 15 行
1 / 1 行

（编织花样 B）

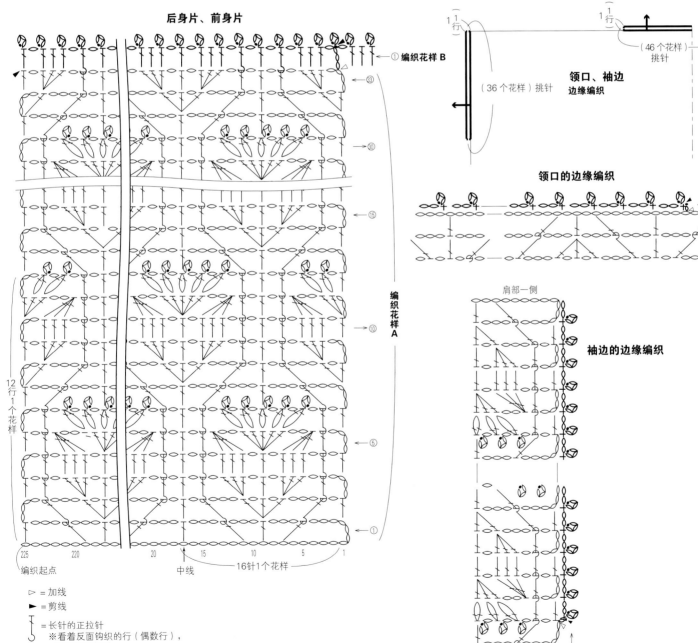

后身片、前身片

① 编织花样 B

33
30
15
10
5
1

编织花样 A

12 行 1 个花样

225　220　20　15　5　1
编织起点　　　　中线
16针1个花样

▷ = 加线
► = 剪线
= 长针的正拉针
※看着反面钩织的行（偶数行），要钩织反拉针。

1 行　　　　1 行
（36 个花样）挑针　　　（46 个花样）挑针

领口、袖边
边缘编织

领口的边缘编织
①　①　②

肩部一侧

袖边的边缘编织

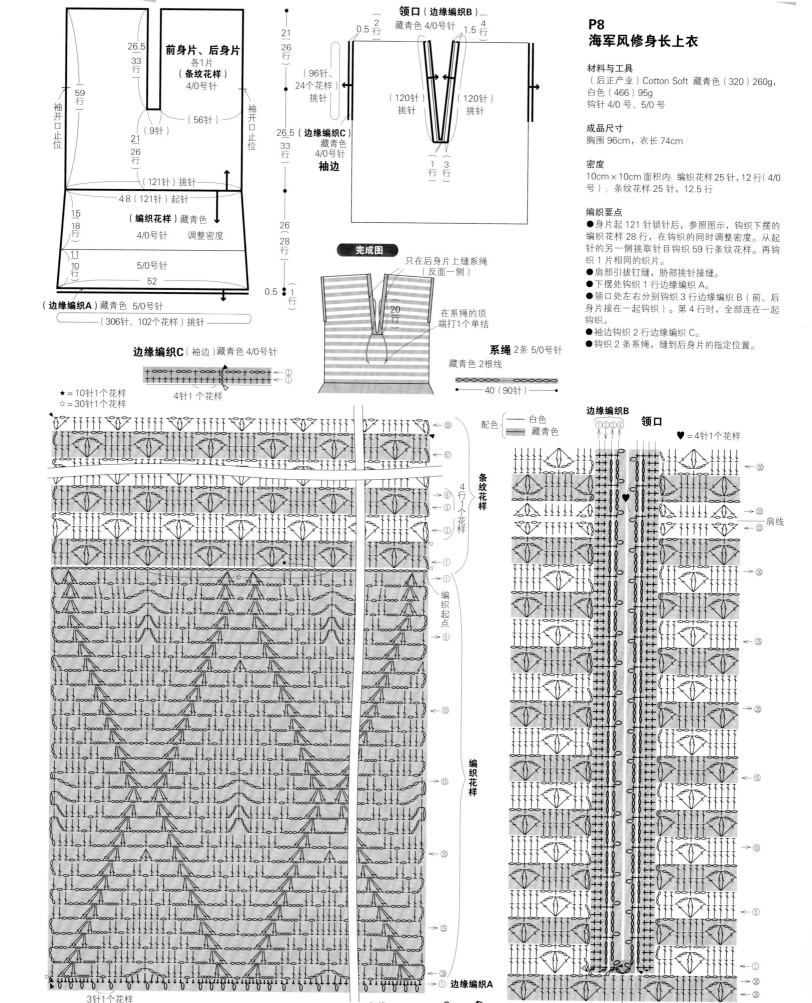

前身片、后身片
各1片
（条纹花样）
4/0号针

26.5
33行

59行

袖开口止位

21
26行

（56针）

（9针）

（121针）挑针

48（121针）起针

15
18行

11
10行

52

（编织花样）藏青色
4/0号针 调整密度

5/0号针

（边缘编织A）藏青色 5/0号针
（306针、102个花样）挑针

21
（26行）

26.5
33行

26
（28行）

0.5
（1行）

领口（边缘编织B）
藏青色 4/0号针

0.5
（2行）

4
1.5行

（96针）
24个花样
挑针

（120针）
挑针

（120针）
挑针

26.5（边缘编织C）
藏青色 4/0号针

袖边

1行 3行

完成图

只在后身片上缝系绳
（反面一侧）

20行

在系绳的顶端打1个单结

边缘编织C（袖边）藏青色 4/0号针

4针1个花样

★=10针1个花样
☆=30针1个花样

系绳 2条 5/0号针
藏青色 2根线

40（90针）

P8
海军风修身长上衣

材料与工具
（后正产业）Cotton Soft 藏青色（320）260g，
白色（466）95g
钩针 4/0号、5/0号

成品尺寸
胸围96cm，衣长74cm

密度
10cm×10cm面积内：编织花样25针，12行（4/0
号）；条纹花样25针，12.5行

编织要点
●身片起121针锁针后，参照图示，钩织下摆的
编织花样28行，在钩织的同时调整密度。从起
针的另一侧挑取针目钩织59行条纹花样。再钩
织1片相同的织片。
●肩部引拔钉缝，胁部挑针接缝。
●下摆处钩织1行边缘编织A。
●领口处左右分别钩织3行边缘编织B（前、后
身片接在一起钩织）。第4行时，全部连在一起
钩织。
●袖边钩织2行边缘编织C。
●钩织2条系绳，缝到后身片的指定位置。

条纹花样

4行1个花样

配色 —— 白色
—— 藏青色

边缘编织B

领口

♥=4针1个花样

编织起点

编织花样

边缘编织A

3针1个花样

= 加线
= 剪线

中线

P10
连肩袖披肩

材料与工具
（后正产业）Mulberry 复古绿色（07）200g
棒针5号、3号，钩针5/0号

成品尺寸
衣长44cm，连肩袖长44cm

密度
10cm×10cm 面积内：编织花样A 20针，36行；
编织花样B 20针，45行

编织要点
● 身片使用另线锁针起121针，参照图示编织130行编织花样A。解开另线锁针的起针，从编织起点和编织终点分别挑114针，环形编织16行单罗纹针，接着使用钩针钩织2行边缘编织。
● 衣袖，从身片两侧分别挑针84针，环形编织45行编织花样B。减为44针后，编织12行单罗纹针，最后使用钩针钩织2行边缘编织。

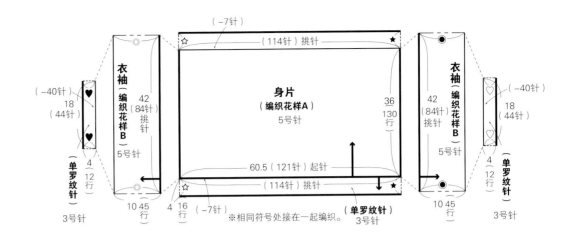

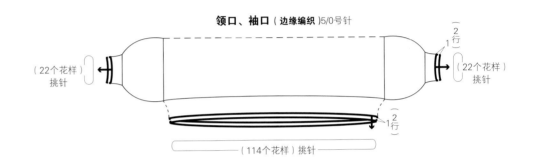

领口、袖口（边缘编织）5/0号针

身片（编织花样A）　　　衣袖（编织花样B）

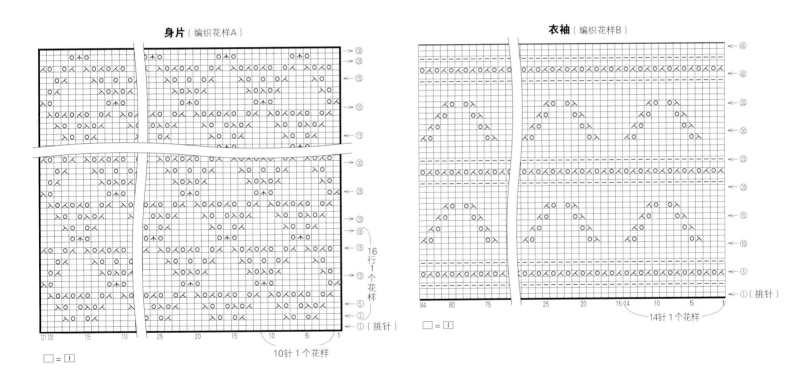

□ = □

边缘编织

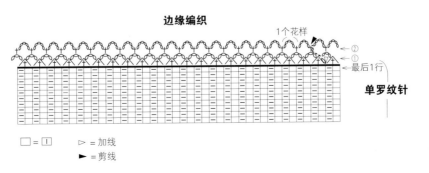

□ = □　　▷ = 加线

▶ = 剪线

后身片、前身片 各1片

5.5
(16针)

21 (62针)

5.5
(16针)

11.5 （14行）

(编织花样A)
4/0号针

（短针）

(-21针)

5
4
1
（行）
2

46 (136针) 起针

(11个花样)挑针

3/0号针

21.5
26
行

5
（7行）

(编织花样B)
调整密度

18
行

4/0号针

18
行

43
(56
行）

5/0号针

20
行

60

领边
(边缘编织)
4/0号针

1.5 ③
行

袖边
(边缘编织)
4/0号针

(60针)
挑针

(60针)
挑针

(42针)
挑针

◎ = (33针) 挑针

编织花样B的挑针方法
☆（从12针上挑出1个花样）2次
★（从13针上挑出1个花样）1次
重复钩织3次
编织终点参照符号图钩织

P11
蕾丝修身无袖裙

材料与工具
（后正产业）Tours 灰褐色（01）240g
钩针 4/0号、3/0号、5/0号

成品尺寸
胸围92cm，肩宽35cm，下摆周长120cm，衣长69.5cm

密度
10cm×10cm 面积内：编织花样A 29.5针，12行

编织要点
●后身片与前身片的编织方法相同。
●起136针锁针后，钩织2行短针，然后参照图示钩织编织花样A。
●从起针的另一侧挑取11个花样，然后钩织编织花样B，在调整密度的同时，钩织56行。
●将前、后身片正面相对，胁部钩织3针锁针的锁针接缝，肩部做卷针缝。
●领边、袖边钩织3行边缘编织。转角处参照图示减针。

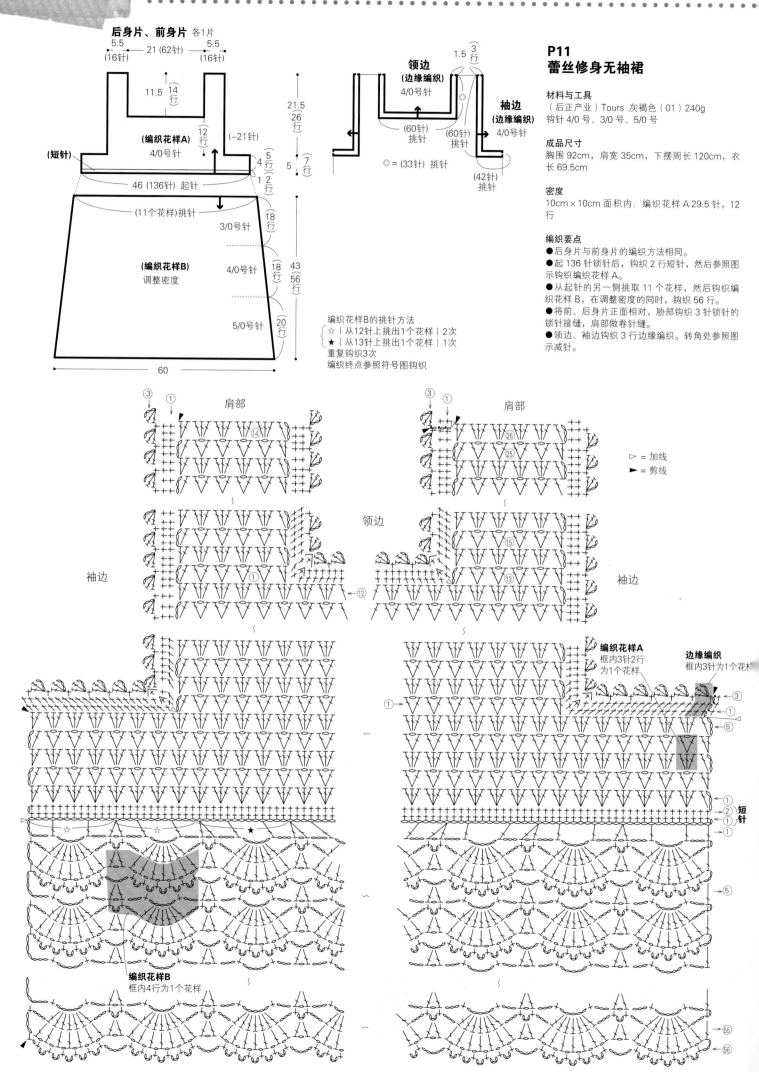

肩部

肩部

领边

袖边

袖边

▷ = 加线
► = 剪线

编织花样A
框内3针2行
为1个花样

边缘编织
框内3针为1个花样

短针

编织花样B
框内4行为1个花样

P16
彩色条纹礼帽

材料与工具
MARCHEN-ART MARCHEN ROSETTA CORD
银灰色（1589）55g，香槟色（1582）35g，嫩绿色（1587）36g，葡萄紫色（1586）20g
3cm 的装饰用别针 2 个
钩针 6/0 号

成品尺寸
头围 57cm，帽深 14cm

密度
10cm×10cm 面积内：短针 20 针，25.5 行

编织要点
●帽顶环形起针，钩织 6 针短针。从第 2 行开始，在加针的同时钩织条纹短针。替换不同颜色的线时，不要剪断，采用渡线的方法。
●接着钩织帽身，在加针的同时钩织条纹短针。
●帽檐在加针的同时使用银灰色的线钩织。
●参照图示，钩织花朵、蝴蝶结等装饰物。

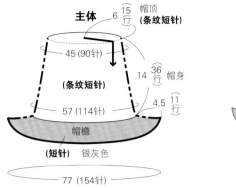

主体
15 6 帽顶（条纹短针）
45（90针）
（条纹短针）
57（114针）
14 36行 帽身
4.5 11行
帽檐
（短针）银灰色
77（154针）

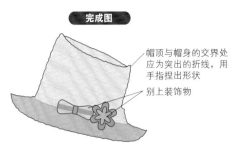

完成图

帽顶与帽身的交界处应为突出的折线，用手指捏出形状
别上装饰物

重复7次
重复19次

帽檐

帽身

针数表

行	针数	
11 行	154 针	
10 行	154 针	
8、9 行	147 针	
7 行	147 针	(+7针)
5、6 行	140 针	
4 行	140 针	(+7针)
2、3 行	133 针	
1 行	133 针	(+19针)
29～36行	114 针	
28 行	114 针	(+6针)
23～27行	108 针	
22 行	108 针	(+6针)
17～21行	102 针	
16 行	102 针	(+6针)
11～15行	96 针	
10 行	96 针	(+6针)
1～9 行	90针	

帽檐
帽身

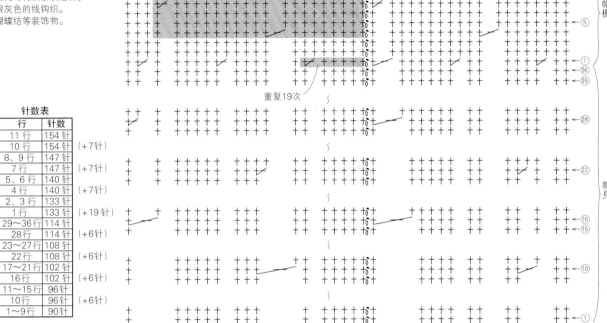

帽顶针数表

行	针数	
15 行	90针	(+6针)
14 行	84针	(+6针)
13 行	78针	(+6针)
12 行	72针	(+6针)
11 行	66针	(+6针)
10 行	60针	(+6针)
9 行	54针	(+6针)
8 行	48针	(+6针)
7 行	42针	(+6针)
6 行	36针	(+6针)
5 行	30针	(+6针)
4 行	24针	(+6针)
3 行	18针	(+6针)
2 行	12针	(+6针)
1 行	6针	

帽顶

蝴蝶结

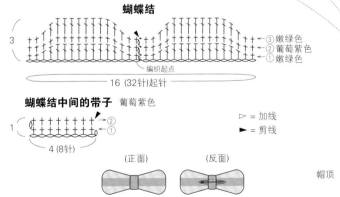

③嫩绿色
②葡萄紫色
①嫩绿色
编织起点
16（32针）起针
3

蝴蝶结中间的带子 葡萄紫色
4（8针）
▷ = 加线
► = 剪线

（正面） （反面）

蝴蝶结短针的部分在中央，在反面缝上别针，用蝴蝶结中间的带子包裹住别针的针以外的部分后，缝合。

大花 葡萄紫色
6

小花 银灰色
4
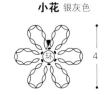

（正面） （反面）

将小花叠在大花上并缝合，在反面缝上别针

条纹短针的配色

	葡萄紫色	○
	嫩绿色	○
	嫩绿色	○
6行	香槟色	○
	银灰色	○
	香槟色	○

6行1个花样重复
○ = （1行）

※从帽顶的第1行开始，到帽身的第36行为止，连续地重复这样的配色。
※无须将线剪断，采用渡线的方法。

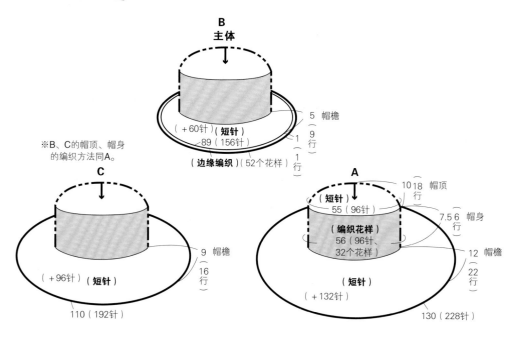

B
主体

5 帽檐
1（9行）
1（1行）

（+60针）（短针）
89（156针）

（边缘编织）（52个花样）

※B、C的帽顶、帽身的编织方法同A。

C

9 帽檐
（16行）

110（192针）（+96针）（短针）

A

10 18帽顶行
55（96针）（短针）
7.5 6帽身行

（编织花样）
56（96针、32个花样）

12 帽檐
22行

130（228针）（+132针）（短针）

P14、P15
3 款帽子

材料与工具
和麻纳卡 ECO ANDARIA A（自然风大檐帽）米色（23）115g；B（蕾丝蝴蝶结遮阳帽）紫色（56）80g；C（带有亮线的遮阳帽）深棕色（16）100g，浅褐色（173）10g
A TEKNO ROTE L(H430–058)（用于固定形状）134cm，直径 2cm 的纽扣 1 颗，和麻纳卡 FLAX K 蓝色（17）少量；B 1.5cm 宽的有机棉蕾丝饰带110cm，直径 2.2cm 的纽扣 1 颗
钩针 6/0 号

成品尺寸
头围 56cm，帽深 7.5cm

密度
10cm×10cm 面积内：短针 17.5 针，18 行

编织要点
●主体的帽顶、帽身的编织方法相同。环形起针后，从帽顶开始在加针的同时钩织 18 行短针。接着钩织帽身，无须加减针钩织 6 行编织花样。其中 C 需要配色。帽檐在加针的同时钩织短针，分别钩织指定的行数。A 的最后 1 行包裹着TEKNO ROTE 钩织，C 要进行配色钩织。

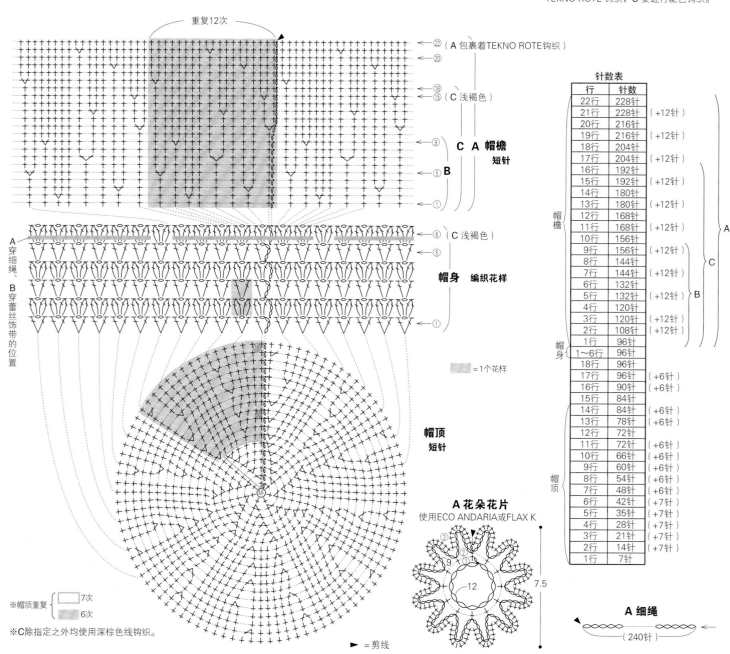

重复12次

㉒（A 包裹着TEKNO ROTE钩织）
⑳
⑯
⑮（C 浅褐色）
C A 帽檐
短针
⑨
⑤ **B**
①

A 穿细绳、B 穿蕾丝饰带的位置

⑥（C 浅褐色）
⑤
帽身 编织花样
①

　 ＝1个花样

帽顶 短针

18行

※帽顶重复 7次／6次

※C除指定之外均使用深棕色线钩织。

► = 剪线

针数表

行	针数	
22行	228针	
21行	228针	（+12针）
20行	216针	
19行	216针	（+12针）
18行	204针	
17行	204针	（+12针）
16行	192针	
15行	192针	（+12针）
14行	180针	
13行	180针	（+12针）
12行	168针	
11行	168针	（+12针）
10行	156针	
9行	156针	（+12针）
8行	144针	
7行	144针	（+12针）
6行	132针	
5行	132针	（+12针）
4行	120针	
3行	120针	（+12针）
2行	108针	（+12针）
1行	96针	
1～6行	96针	
18行	96针	
17行	96针	（+6针）
16行	90针	（+6针）
15行	84针	
14行	84针	（+6针）
13行	78针	（+6针）
12行	72针	
11行	72针	（+6针）
10行	66针	（+6针）
9行	60针	（+6针）
8行	54针	（+6针）
7行	48针	（+6针）
6行	42针	（+7针）
5行	35针	（+7针）
4行	28针	（+7针）
3行	21针	（+7针）
2行	14针	（+7针）
1行	7针	

帽檐：A、C、B
帽身
帽顶

A 花朵花片
使用ECO ANDARIA或FLAX K

③
②
①
9
12
7.5

A 细绳
（240针）

80

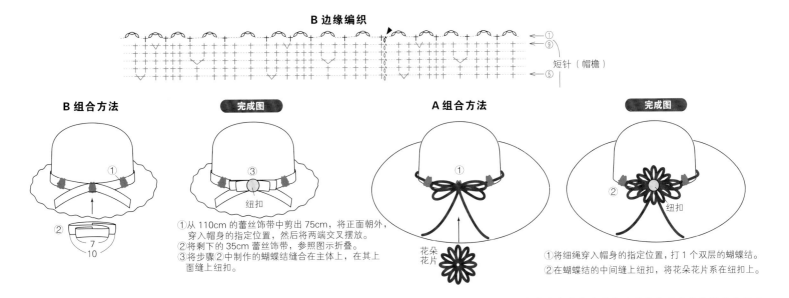

B 边缘编织

① ⑨ 短针（帽檐） ⑤

B 组合方法　**完成图**　**A 组合方法**　**完成图**

纽扣

7
10

①从 110cm 的蕾丝饰带中剪出 75cm，将正面朝外，穿入帽身的指定位置，然后将两端交叉摆放。
②将剩下的 35cm 蕾丝饰带，参照图示折叠。
③将步骤②中制作的蝴蝶结缝合在主体上，在其上面缝上纽扣。

花朵花片

①将细绳穿入帽身的指定位置，打 1 个双层的蝴蝶结。
②在蝴蝶结的中间缝上纽扣，将花朵花片系在纽扣上。

纽扣

P18
弹片口金迷你包

材料与工具
DARUMA HEMP STRING 天蓝色（5）60g，芥末黄色（3）55g
麻布 28cm×42cm，带圆环的弹片口金（长 20cm、宽 1.5cm）1 组，9mm 的钩扣（金色）1 组
钩针 5/0 号

成品尺寸
宽 26cm，深 15cm（口金部分除外）

密度
10cm×10cm 面积内：编织花样 24.5 针，10.5 行

编织要点
●主体起 71 针锁针后，在钩织编织花样的同时进行配色，钩织 28 行。
●沿主体的中线将两侧正面相对对折，折叠后主体的中线作为包底，将包的两侧（编织起点侧、编织终点侧）卷针缝缝合，然后翻回正面。
●包口部分，使用短针环形钩织，第 2 行参照图示钩织引拔针。
●提手钩织 1 行长针。
●制作里布，参照图示放入主体后缝合。

组合方法

（穿弹片口金的位置）　6
7cm
里布（反面）
42
15
28
1
2
3

2.5
1

完成图

提手
里布
主体（织片）

①裁剪出 28cm×42cm 的布。
②正面相对对折后，两侧分别缝 15cm。
③分开缝份，将穿弹片口金位置的缝份沿着侧边缝合。
④包口部分分别折成 3 折后缝合，制作穿弹片口金的口。
⑤里布保持反面朝外的状态，放入主体中，在穿弹片口金的口的边际处缝合。
⑥在提手的两端穿入钩扣后缝合。
⑦穿入弹片口金后，将两端缝合。

包口（**短针**）　中线　包口（**短针**）
（56针）挑针
（包底）
主体（编织花样）
26.5
28行
（56针）挑针
0.5　29（71针）起针　0.5
1行　　　　　　　　1行

提手（长针）天蓝色
32（68针）起针
1.7
1行

长针　提手
锁针（68针）起针

※甜美风版本的提手，是使用3cm宽的蕾丝缠绕着1.5cm宽、32cm长的缎带缝制而成的。

主体
中线（包底）

▷ = 加线
▶ = 剪线
接☆处

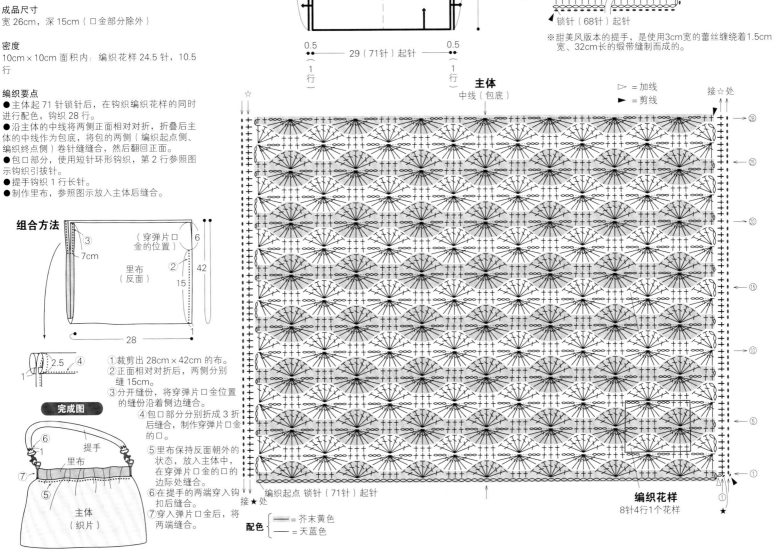

编织起点 锁针（71针）起针
接★处

配色 ⎰ = 芥末黄色
　　　　⎱ = 天蓝色

编织花样
8针4行1个花样

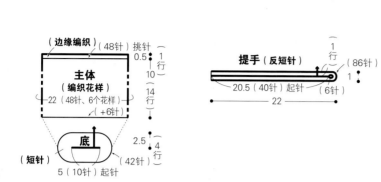

P18
单提手小袋

材料与工具
MARCHEN-ART MANILA HEMP YARN 淡紫色（508）
或红色（509）35g
直径 2cm 的椭圆形纽扣（AC1265）1 颗
钩针 6/0 号

成品尺寸
宽 11cm，深 10.5cm

密度
10cm×10cm 面积内：编织花样 22 针，14 行

编织要点
●底部起 10 针锁针，钩织短针，在加针的同时钩织 4 行。
●接着参照图示钩织 14 行编织花样、1 行边缘编织。
●使用反短针钩织提手，缝在主体上。在主体上缝上纽扣。

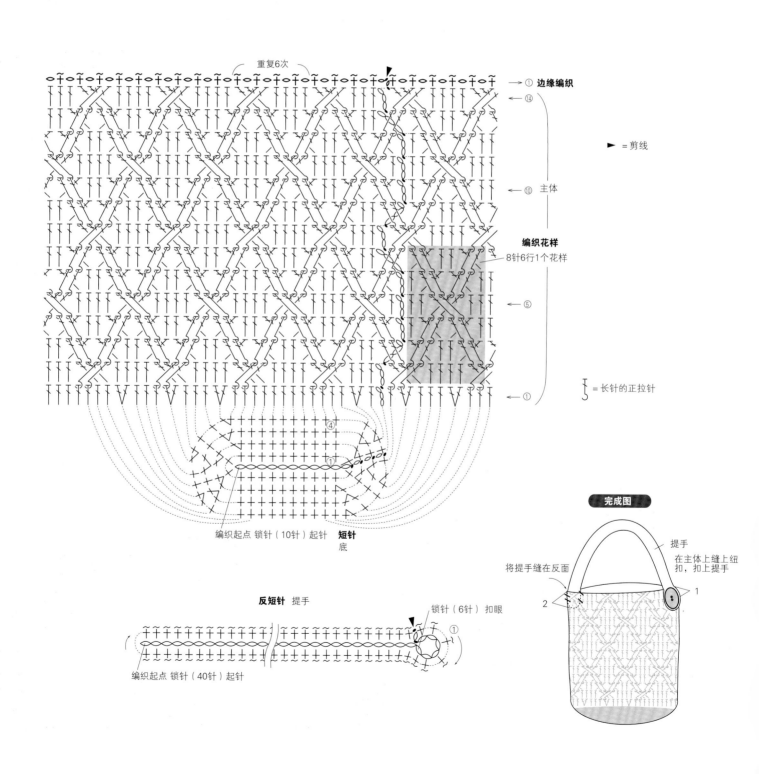

P17
两用麂皮流苏手拿包

材料与工具
MARCHEN–ART MARCHEN SUEDE 浅褐色（1562）160g，浅灰白色（1561）10g
直径4mm的优质金属串珠 银色（AC1430）25颗，宽1.5cm的金属链（银色）1m，宽2.1cm的D形环（银色）2个，15mm的钩扣（银色）2个，13mm的圆环（银色）2个，直径2cm的磁扣1组，直径3cm的装饰纽扣1颗
钩针6/0号

成品尺寸
宽27cm，深13cm

密度
10cm×10cm面积内：短针15针，18.5行；编织花样15针，14行

编织要点
● 主体起39针锁针后，钩织58行短针、16行编织花样。
● 使用浅褐色线钩织边缘编织中的1行短针，使用浅灰白色线在包盖的部分钩织1行短针。
● 参照图示钩织侧片。
● 钩织提手饰绳、流苏，参照图示组合。

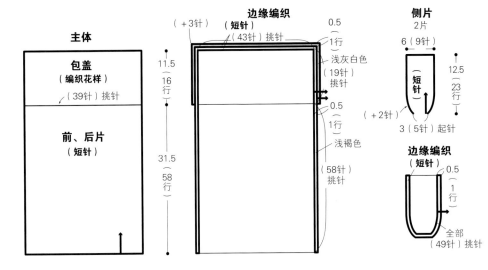

主体
包盖（编织花样）（39针）挑针
前、后片（短针）
11.5
16
31.5
58行
26（39针）起针

边缘编织（短针）
（+3针）
（43针）挑针
0.5
1行
浅灰白色（19针）挑针
0.5
1行
浅褐色
（58针）挑针

侧片
2片
6（9针）
短针
12.5
23行
（+2针）
3（5针）起针

边缘编织（短针）
0.5
1行
全部（49针）挑针

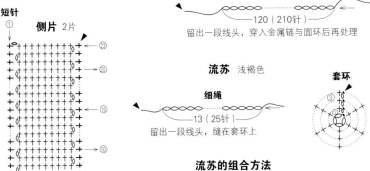

短针
侧片 2片
编织起点 锁针（5针）起针

提手饰绳 浅灰白色
120（210针）
留出一段线头，穿入金属链与圆环后再处理

流苏 浅褐色
细绳
13（25针）
留出一段线头，缝在套环上

套环
③

流苏的组合方法
① 金属串珠 线
细绳
套环
19
11
①将30cm长的浅褐色线对折，穿入5颗金属串珠。共制作与此相同的5串，将5串的线头在一起打1个结。
②将步骤①中打的结藏入套环中，缝合固定。
③将细绳缝在套环的顶端，系在主体的D形环上。

主体
（图示）

编织起点 锁针（39针）起针

配色 —— ＝浅褐色
—— ＝浅灰白色
▷ ＝加线
► ＝剪线

组合方法
①主体两侧的☆、★部分，分别与侧片反面相对后，使用2根浅褐色线卷针缝缝合。
②将D形环缝在侧片上。
③在金属链的两端连接上圆环，穿入提手饰绳后，连接上钩扣，并扣在D形环上。
④在主体的包盖（反面）与前片上缝上磁扣。
⑤在包盖（正面）缝上装饰纽扣。
⑥将流苏系在D形环上。

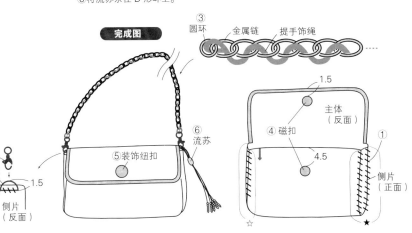

圆环 金属链 提手饰绳 ③
⑥流苏
1.5
主体（反面）
④磁扣
4.5
①
侧片（正面）
☆★

完成图
⑤装饰纽扣
钩扣
②D形环
1.5
1
侧片（反面）

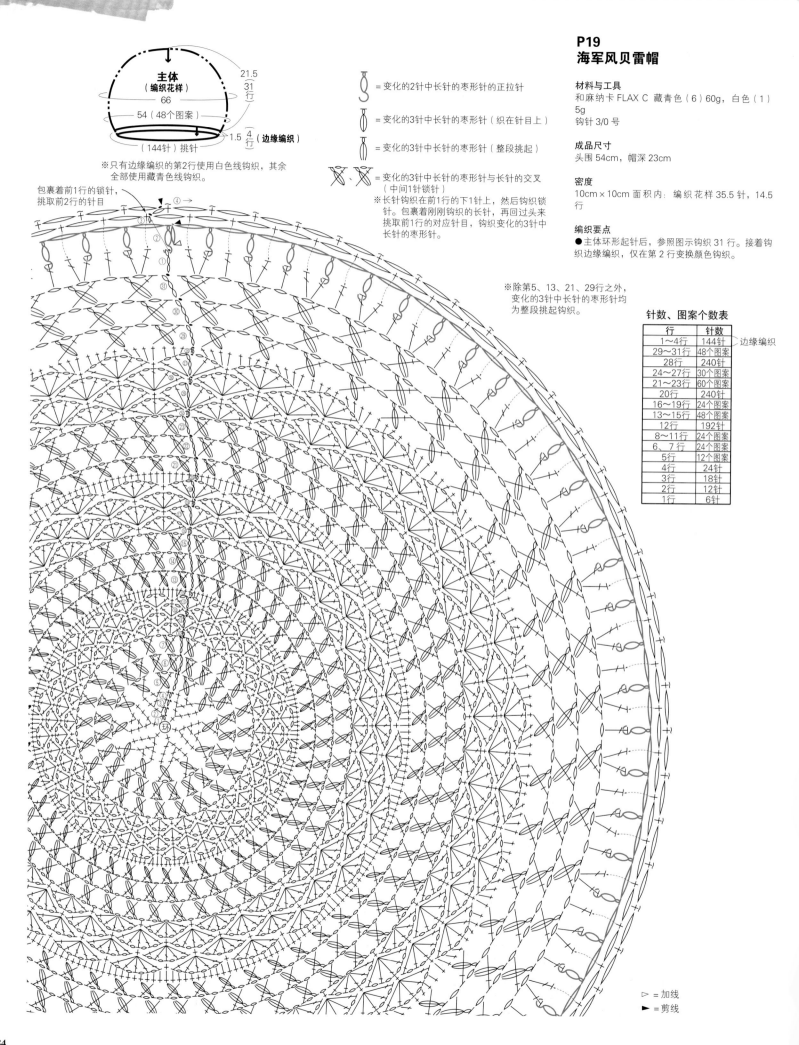

主体
（编织花样）
66
21.5
31行
54（48个图案）
1.5（边缘编织）4行
（144针）挑针

※只有边缘编织的第2行使用白色线钩织，其余全部使用藏青色线钩织。

包裹着前1行的锁针，挑取前2行的针目

= 变化的2针中长针的枣形针的正拉针

= 变化的3针中长针的枣形针（织在针目上）

= 变化的3针中长针的枣形针（整段挑起）

、 = 变化的3针中长针的枣形针与长针的交叉（中间1针锁针）

※长针钩织在前1行的下1针上，然后钩织锁针。包裹着刚刚钩织的长针，再回过头来挑取前1行的对应针目，钩织变化的3针中长针的枣形针。

※除第5、13、21、29行之外，变化的3针中长针的枣形针均为整段挑起钩织。

P19
海军风贝雷帽

材料与工具
和麻纳卡 FLAX C 藏青色（6）60g，白色（1）5g
钩针 3/0 号

成品尺寸
头围54cm，帽深23cm

密度
10cm×10cm 面积内：编织花样 35.5 针，14.5行

编织要点
●主体环形起针后，参照图示钩织 31 行。接着钩织边缘编织，仅在第 2 行变换颜色钩织。

针数、图案个数表

行	针数	
1～4行	144针	边缘编织
29～31行	48个图案	
28行	240针	
24～27行	30个图案	
21～23行	60个图案	
20行	240针	
16～19行	24个图案	
13～15行	48个图案	
12行	192针	
8～11行	24个图案	
6、7行	24个图案	
5行	12个图案	
4行	24针	
3行	18针	
2行	12针	
1行	6针	

▷ = 加线
► = 剪线

P21
方形花片手提包

材料与工具
和麻纳卡 亚麻线 橘粉色（3）或绿色（9）
155g，原白色（2）60g
宽19cm 的 D 形藤编提手 1 组
钩针 5/0 号

成品尺寸
宽31cm，深 22.5cm

密度
花片：7cm × 7cm

编织要点
● 花片环形起针后，参照图示钩织 4 行。共钩织 24 片。横向 4 片、纵向 3 片，使用半针卷针缝连接在一起。共制作 2 片主体。连接提手的部分参照图示钩织 13 行，接着在 3 边上钩织 1 行短针。在侧边加线，钩织 1 行长针。
● 将 2 片主体反面相对，将两侧和底部使用半针卷针缝缝合。
● 参照图示缝上藤编提手。

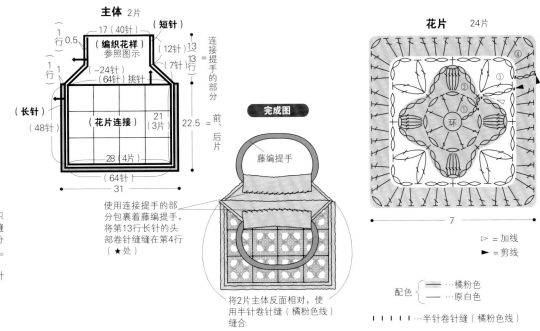

主体 2片

（短针）

（编织花样）
参照图示

17（40针）
13（12针）13
13（7针）13

连接＝提手的部分

1 行 0.5
1 行

（−24针）
（64针）挑针

（长针）

（花片连接）
21
（3片）

22.5＝前、后片

（48针）

28（4片）

（64针）

31

完成图

藤编提手

使用连接提手的部分包裹着藤编提手，将第13行长针的头部卷针缝缝在第4行（★处）

将2片主体反面相对，使用半针卷针缝（橘粉色线）缝合

花片 24片

④
③
②
①
环

7

7

▷ ＝ 加线
► ＝ 剪线

配色 {
—…橘粉色
— …原白色
}

| | | | | ＝半针卷针缝（橘粉色线）

主体

短针①

连接提手的部分

①②③④⑤⑥⑦⑧⑨⑩⑪⑫⑬

★

长针①

前、后片

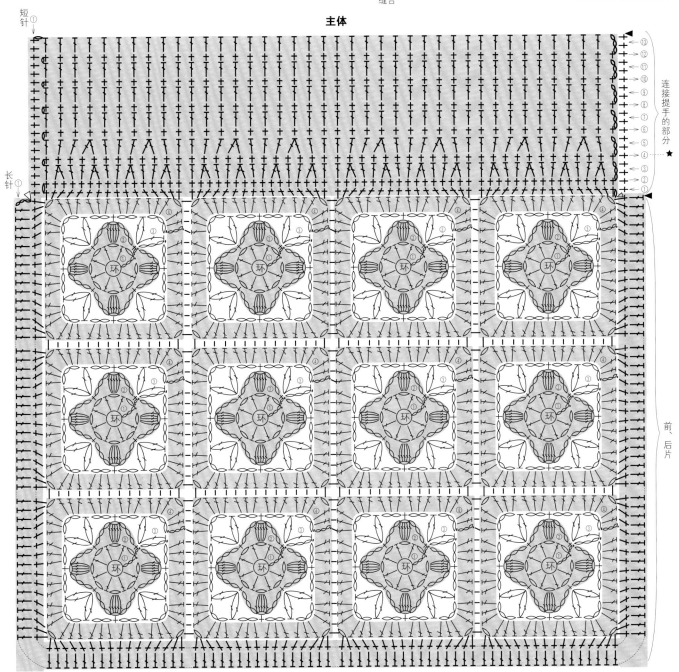

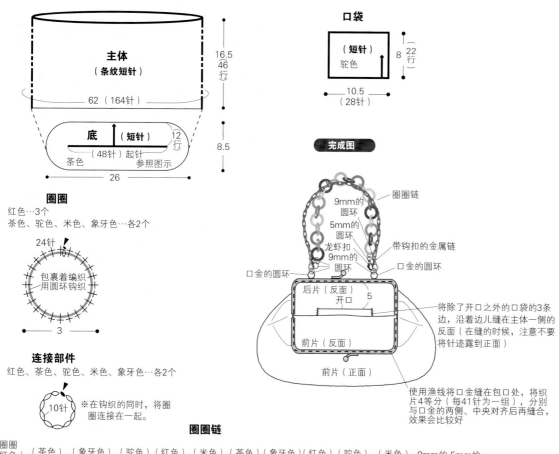

主体
（条纹短针）

62（164针）

16.5
46行

8.5

底（短针）
（48针）起针
茶色　参照图示
12行

26

口袋
（短针）
驼色
8行
22行

10.5
（28针）

圈圈
红色…3个
茶色、驼色、米色、象牙色…各2个

24针
包裹着编织
用圆环钩织

3

连接部件
红色、茶色、驼色、米色、象牙色…各2个

10针
※在钩织的同时，将圈圈连接在一起。

完成图

9mm的圆环
5mm的圆环
龙虾扣
9mm的圆环
口金的圆环

圈圈链
带钩扣的金属链
口金的圆环

后片（反面）
开口　5

前片（反面）

前片（正面）

将除了开口之外的口袋的3条边，沿着边儿缝在主体一侧的反面（在缝的时候，注意不要将针迹露到正面）

使用渔线将口金缝在包口处，将织片4等分（每41针为一组），分别与口金的两侧、中央对齐后再缝合，效果会比较好

P20
饰有彩色圈圈链的口金包

材料与工具
和麻纳卡 亚麻线 茶色（10）50g，红色（7
驼色（19）各40g，米色（10）30g，象牙色
25g
宽21cm的带圆环口金（H207-010）1个，
41cm的带钩扣的金属链1条，直径9mm的
环5个，直径5mm的圆环1个，龙虾扣1
直径21mm的编织用圆环（H204-588-211
个，渔线适量
钩针5/0号

成品尺寸
宽31cm，深16.5cm（提手除外）

密度
10cm×10cm面积内：短针26.5针，28行

编织要点
●底部起48针锁针，参照图示一边加针一边
12行短针。接着无须加减针，钩织46行条纹短
●口袋起28针锁针，钩织22行短针，缝在
的反面。
●参照图示钩织作为装饰的11个圈圈。一边
连接部件，一边将圈圈连接成链。
●在包口处缝上口金，参照图示使用圆环将
链、带钩扣的金属链、龙虾扣连接在一起。

圈圈链

圈圈（红色）（茶色）（象牙色）（驼色）（红色）（米色）（茶色）（象牙色）（红色）（驼色）（米色）9mm的圆环　5mm的圆环　龙虾扣

连接部件（驼色）（米色）（茶色）（象牙色）（驼色）（红色）（米色）（茶色）（象牙色）（红色）

9mm的圆环

38

※先钩织圈圈，再在钩织连接部件的同时，将其连接在一起。

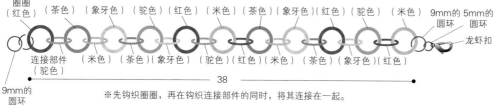

口袋

锁针（28针）起针

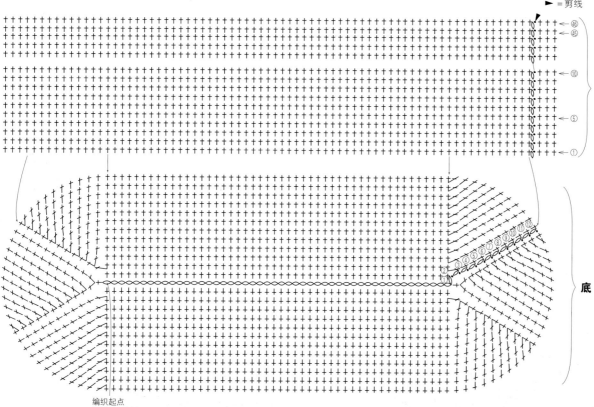

►＝剪线

主体

编织起点
锁针（48针）

主体（条纹短针）的配色表

行	颜色
45、46行	驼色
42～44行	红色
38～41行	米色
35～37行	象牙色
29～34行	茶色
27、28行	红色
23～26行	驼色
18～22行	象牙色
16、17行	茶色
13～15行	米色
7～12行	红色
5、6行	象牙色
1～4行	驼色

※每次换色时，均将线剪断，并处理好线头。

底的针数表

行	针数	
12行	164针	（+6针）
11行	158针	（+6针）
10行	152针	（+6针）
9行	146针	（+6针）
8行	140针	（+6针）
7行	134针	（+6针）
6行	128针	（+6针）
5行	122针	（+6针）
4行	116针	（+6针）
3行	110针	（+6针）
2行	104针	（+6针）
1行	98针	

P48
大容量的马赛克包

材料与工具
粉色款
WISTER 水洗棉线 粉色（7）35g，水洗棉线
＜渐变＞ 米色系混合（1）、红色系混合（3）
各 15g
口金（正方形）AG 15.5cm×7.5cm 1 个
钩针 4/0 号
蓝色款
WISTER 水洗棉线 蓝色（8）35g、白色（1）
15g，水洗棉线＜渐变＞ 蓝色系混合（2）
15g，口金（正方形）S 15.5cm×7.5cm 1 个
钩针 4/0 号

成品尺寸
宽 16cm，深 9cm

密度
10cm×10cm 面积内：条纹花样 25 针，17 行；
短针 21.5 针，23.5 行

编织要点
●主体起 35 针锁针后，参照图示钩织 55 行条纹
花样。从第 3 行开始，长针是在前 2 行的长针头
部入针、包裹着前 1 行的锁针进行钩织的。随后
在四周钩织 1 行边缘编织 A。
●侧片起 30 针锁针，参照图示钩织 21 行短针。
●将主体与侧片反面相对重叠，钩织边缘编织 B。
●参照完成图，固定口金。

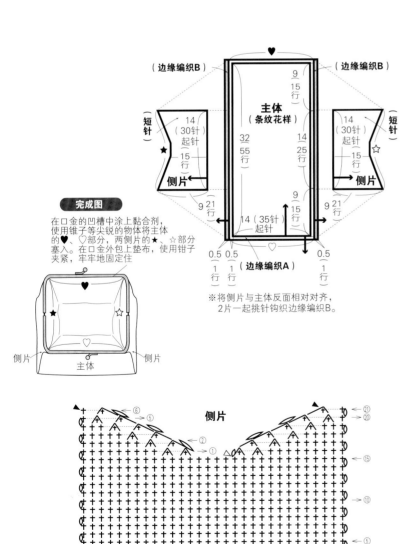

完成图

在口金的凹槽中涂上黏合剂，
使用锥子等尖锐的物体将主体
的♥、♡部分，两侧片的★、☆部分
塞入。在口金外包上垫布，使用钳子
夹紧，牢牢地固定住

配色表

	粉色款	蓝色款
——	米色系混合	白色
——	粉色	蓝色
▓▓	红色系混合	蓝色系混合

※配色线不剪断，纵向渡线。

▷ = 加线
► = 剪线

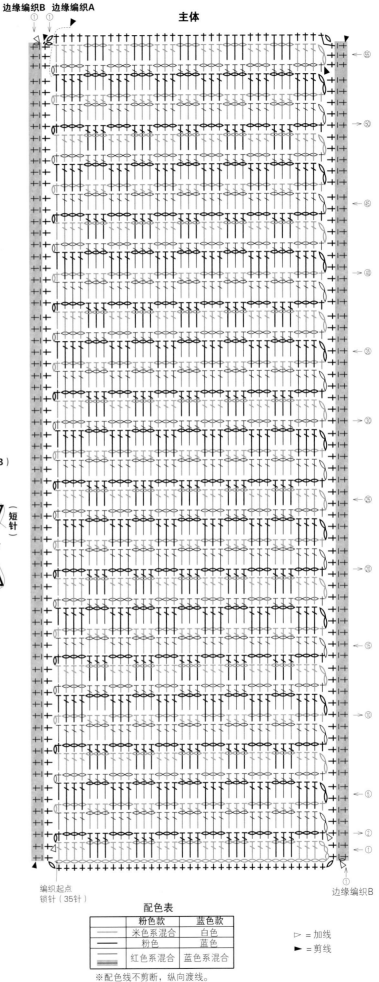

边缘编织B　边缘编织A
主体

编织起点
锁针（35针）

边缘编织B

87

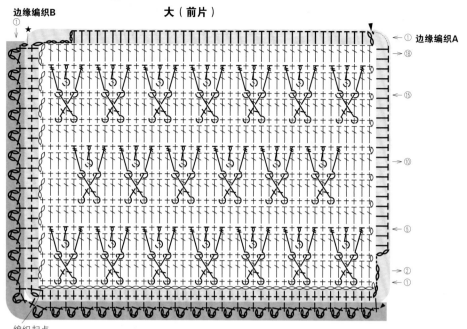

边缘编织B
① ★
大（前片）

① 边缘编织A
18
15
10
5
2
1

编织起点
锁针（43针）

P49
L形口金平面包

材料与工具
大
WISTER FIORA 米色系（31）30g
口金（L形）AG13.5cm×8cm 1个
钩针3/0号
小
WISTER FIORA 蓝绿色系（32）15g
口金（L形）S 10.5cm×6cm 1个
钩针3/0号

成品尺寸
大：宽约16cm，深约11cm
小：宽约12cm，深约8cm

密度
10cm×10cm 面积内：编织花样31针，20行

编织要点
●前片锁针起针后，参照图示钩织编织花样。接着在四周钩织1行边缘编织A。然后，钩织一片与前片相同的后片，钩织完成边缘编织A后，将2片反面相对重叠，钩织1行边缘编织B。
●参照完成图，固定口金。

接在边缘编织B的★之后继续钩织

大（后片）

① 边缘编织A
18
15
10
5
2
1

编织起点
锁针（43针）

完成图

后片（反面）
前片（反面）
前片（正面）

在口金的凹槽中涂上黏合剂，使用锥子等尖锐的物体将包包的♥、♡部分（边缘编织A）塞入，在口金外包上垫布，使用钳子夹紧，牢牢地固定住

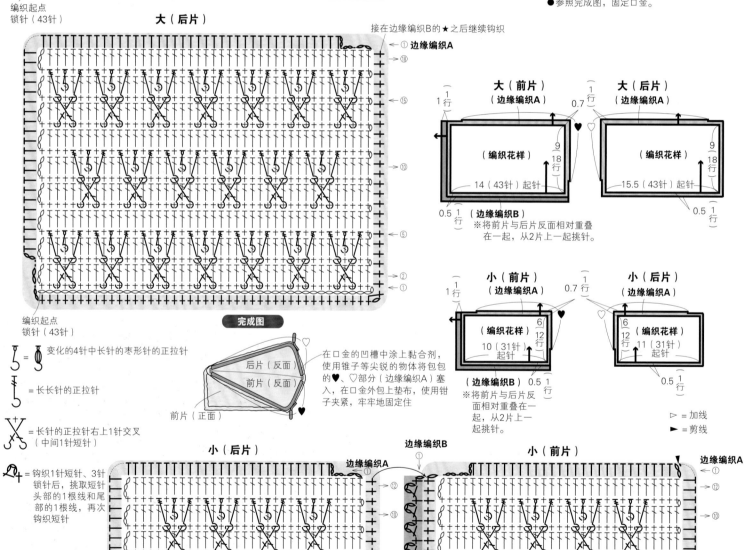

大（前片）
（边缘编织A）
1行
（编织花样）
9/18行
14（43针）起针
（边缘编织B）0.5 1行
0.7
1行
大（后片）
（边缘编织A）
（编织花样）
9/18行
15.5（43针）起针
0.5 1行

※将前片与后片反面相对重叠在一起，从2片上一起挑针。

小（前片）
（边缘编织A）
1行
（编织花样）
6/12行
10（31针）起针
（边缘编织B）0.5 1行
0.7
1行
小（后片）
（边缘编织A）
6/12行
（编织花样）
11（31针）起针
0.5 1行

※将前片与后片反面相对重叠在一起，从2片上一起挑针。

▷ = 加线
► = 剪线

=变化的4针中长针的枣形针的正拉针

=长长针的正拉针

=长针的正拉针右上1针交叉（中间1针短针）

=钩织1针短针、3针锁针后，挑取短针头部的1根线和尾部的1根线，再次钩织短针

小（后片）
边缘编织A
①
12
10
5
2
1

编织起点
锁针（31针）

边缘编织B

边缘编织A
①

小（前片）
边缘编织A
①
12
10
5
2
1

编织起点
锁针（31针）

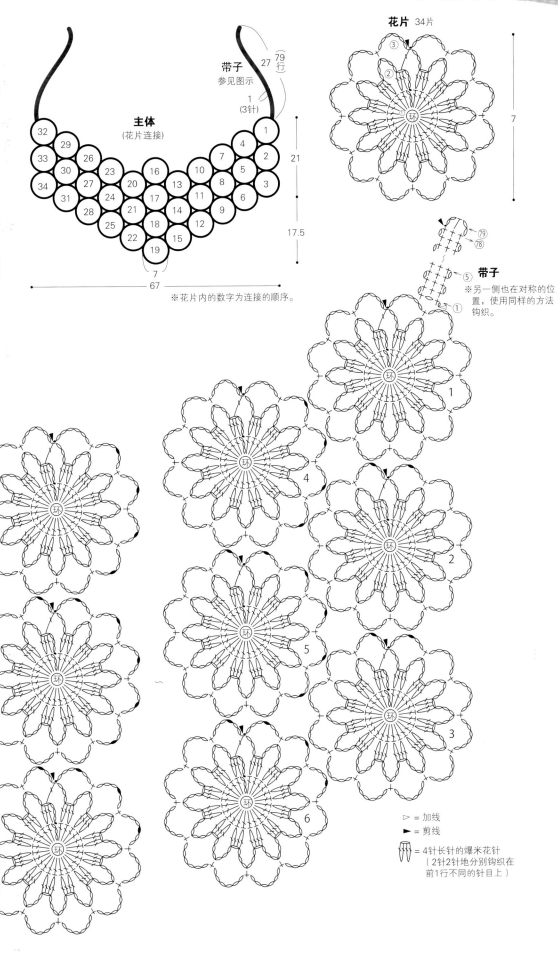

P28
花片连接的三角披肩

材料与工具
和麻纳卡 PAUME<纯棉>CROCHET 原白色(1)
75g
钩针 3/0 号

成品尺寸
宽 67cm，长 38.5cm

密度
花片：直径为 7cm

编织要点
●花片是环形起针，参照图示钩织 3 行。中心的环要收得紧一些，不要有孔洞。从第 2 片开始，在钩织第 3 行时与前 1 片钩织连接在一起。
●在两侧的花片 1 和 32 上钩织带子。参照图示挑针，第 2 至第 78 行钩织短针，最后 1 行参照图示钩织。

主体
(花片连接)

花片 34片

带子
参见图示

※花片内的数字为连接的顺序。

带子
※另一侧也在对称的位置，使用同样的方法钩织。

▷ = 加线
► = 剪线
= 4针长针的爆米花针
（2针2针地分别钩织在前1行不同的针目上）

中线

89

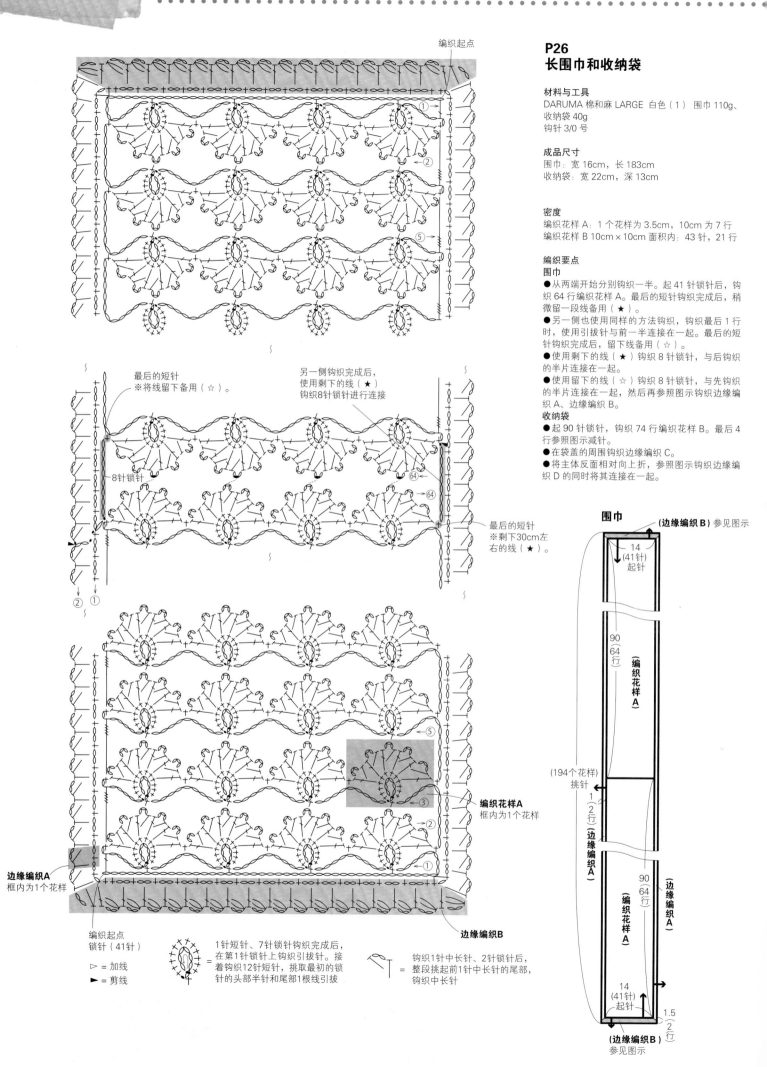

编织起点

编织起点

最后的短针
※将线留下备用（☆）。

另一侧钩织完成后，
使用剩下的线（★）
钩织8针锁针进行连接

8针锁针

最后的短针
※剩下30cm左
右的线（★）。

编织花样A
框内为1个花样

编织花样A
框内为1个花样

边缘编织A
框内为1个花样

边缘编织B

编织起点
锁针（41针）

▷ = 加线
► = 剪线

= 1针短针、7针锁针钩织完成后，
在第1针锁针上钩织引拔针。接
着钩织12针短针，挑取最初的锁
针的头部半针和尾部1根线引拔

= 钩织1针中长针、2针锁针后，
整段挑起前1针中长针的尾部，
钩织中长针

P26
长围巾和收纳袋

材料与工具
DARUMA 棉和麻 LARGE 白色（1） 围巾 110g、
收纳袋 40g
钩针 3/0 号

成品尺寸
围巾：宽16cm，长183cm
收纳袋：宽22cm，深13cm

密度
编织花样A：1个花样为3.5cm，10cm为7行
编织花样B 10cm×10cm 面积内：43针，21行

编织要点
围巾
●从两端开始分别钩织一半。起41针锁针后，钩
织64行编织花样A。最后的短针钩织完成后，稍
微留一段线备用（★）。
●另一侧也使用同样的方法钩织，钩织最后1行
时，使用引拔针与前一半连接在一起。最后的短
针钩织完成后，留下线备用（☆）。
●使用剩下的线（★）钩织8针锁针，与后钩织
的半片连接在一起。
●使用留下的线（☆）钩织8针锁针，与先钩织
的半片连接在一起，然后再参照图示钩织边缘编
织A、边缘编织B。
收纳袋
●起90针锁针，钩织74行编织花样B。最后4
行参照图示减针。
●在袋盖的周围钩织边缘编织C。
●将主体反面相对向上折，参照图示钩织边缘编
织D的同时将其连接在一起。

围巾

（边缘编织B）参见图示

14
(41针)
起针

90
(64行)
（编织花样A）

(194个花样)
挑针

1
(2行)（边缘编织A）

90
(64行)
（编织花样A）

（边缘编织A）

14
(41针)
起针

1.5
(2行)

（边缘编织B）
参见图示

P27
小花穗饰的三角披肩

材料与工具
和麻纳卡 WASH COTTON 灰色（14）120g
钩针 5/0 号

成品尺寸
宽 85cm，长 49.5cm

密度
10cm×10cm 面积内：编织花样约为4.5 个花样，
14.5 行

编织要点
●起 1 针锁针，参照图示钩织花样。每 2 行增加
1 次花样，一直钩织至第 69 行。
●接着钩织边缘编织A、A'、B。锁针的数目不同，
请予以注意。

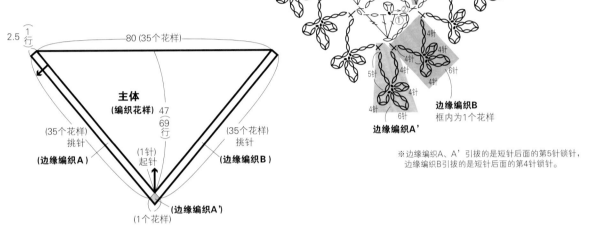

边缘编织A
框内为1个花样

编织花样
框内4行为1个花样

► = 剪线

边缘编织B
框内为1个花样

边缘编织A'

※边缘编织A、A'引拔的是短针后面的第5针锁针，
边缘编织B引拔的是短针后面的第4针锁针。

2.5 (1行)
80 (35个花样)

主体
(编织花样)
47 (69行)

(35个花样)
挑针

(35个花样)
挑针

（边缘编织A）

(1针)
起针

（边缘编织B）

(边缘编织A')
(1个花样)

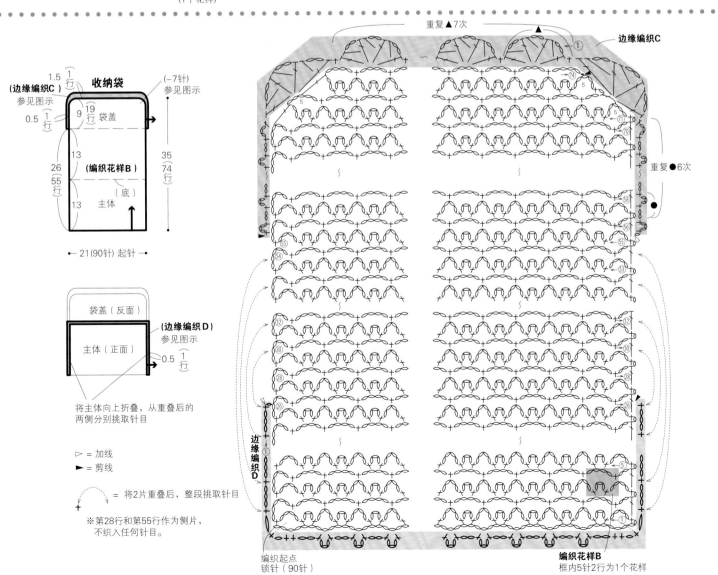

(边缘编织C)
参见图示

收纳袋

1.5 (1行)
(−7针)
参见图示

0.5 (1行)

9行 / 19行 袋盖

13 **(编织花样B)**

26 (55行) （底）

13 主体

← 21(90针) 起针 →

袋盖（反面）

(边缘编织D)
参见图示

主体（正面）

0.5 (1行)

将主体向上折叠，从重叠后的
两侧分别挑取针目。

▷ = 加线
► = 剪线

= 将2片重叠后，整段挑取针目

※第28行和第55行作为侧片，
不织入任何针目。

重复▲7次

边缘编织C

重复●6次

边缘编织D

编织起点
锁针（90针）

编织花样B
框内5针2行为1个花样

91

（101个花样）挑针

（边缘编织）

108（20个花样）

1 （1行）

主体
（编织花样）

27（28行）

（+3.5个花样）

（+3.5个花样）

68（13个花样、161针）起针

P30
带胸花的梯形披肩

材料与工具
SKIYARN SKI LEAF 紫色混合（1206）75g
串珠 7颗，长 2.5cm 的装饰用别针 1 个
钩针 4/0 号

成品尺寸
披肩：宽 108cm，长 28cm
胸花：参见图示

密度
10cm×10cm 面积内：编织花样 A 23.5 针，10.5行

编织要点
●主体起 161 针锁针后钩织编织花样。参照图示，钩织的同时在两端增加花样。
●钩织 28 行后，钩织 1 行边缘编织。
●花朵参照图示环形起针后钩织。钩织完成后，在中心处缝上 7 颗串珠，在反面缝上装饰用别针。

花朵

装饰用别针的组合方法

在花朵的中心处缝上7颗串珠，
在反面缝上装饰用别针

6

※第3行的引拔针，是挑取第2行短针的头部钩织的。
第5行的短针，钩织在第3行的引拔针上，中长针是
从反面挑取第2行短针的头部（●处）钩织的。

边缘编织
框内为1个花样

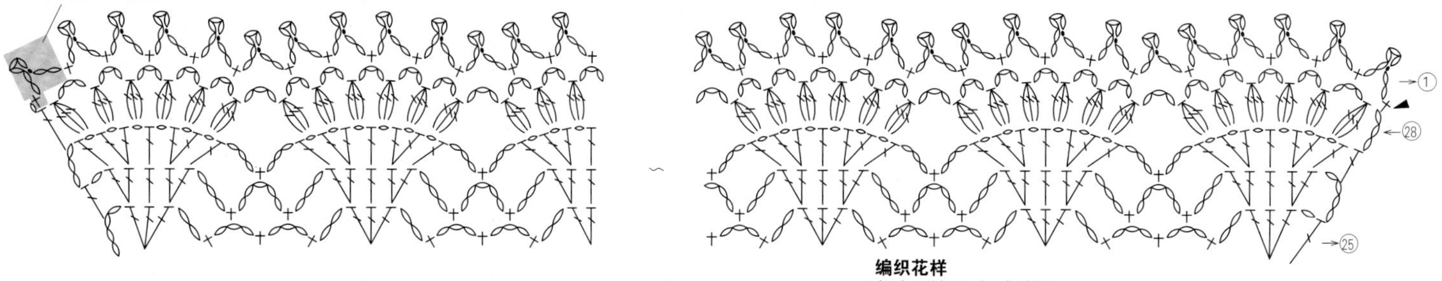

主体

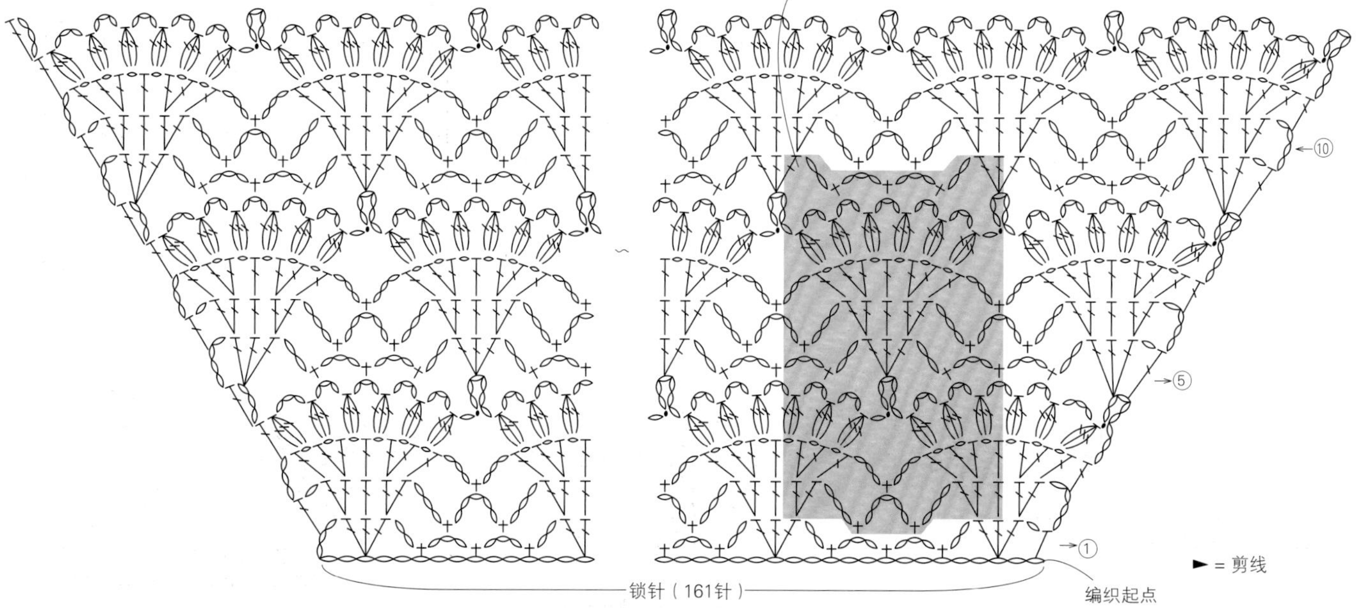

编织花样
框内12针8行为1个花样

①

28

25

⑩

⑤

①

锁针（161针）

►= 剪线
编织起点

P31
菠萝针花样的围巾

材料与工具
和麻纳卡 WASH COTTON <CROCHET> 粉色
（114）75g
装饰用别针 1 个
钩针 3/0 号

成品尺寸
宽 14cm，长 118cm

密度
10cm×10cm 面积内：编织花样 23 针，12 行

编织要点
●主体起 32 针锁针后钩织编织花样。从第 66 行开始，参照图示左右分别钩织。钩织完成 71 行后，再从起针的另一侧挑针，使用同样的方法钩织。
●花朵及底座均为环形起针，参照图示钩织。叶子起 15 针锁针进行钩织。将底座缝在装饰用别针上，再将叶子与底座缝在花朵的反面。

围巾

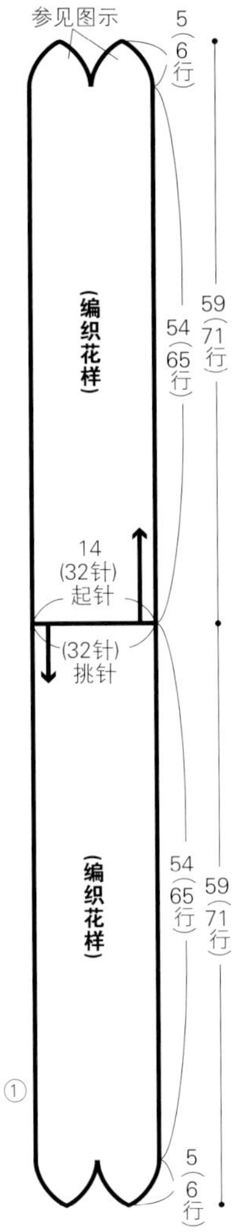

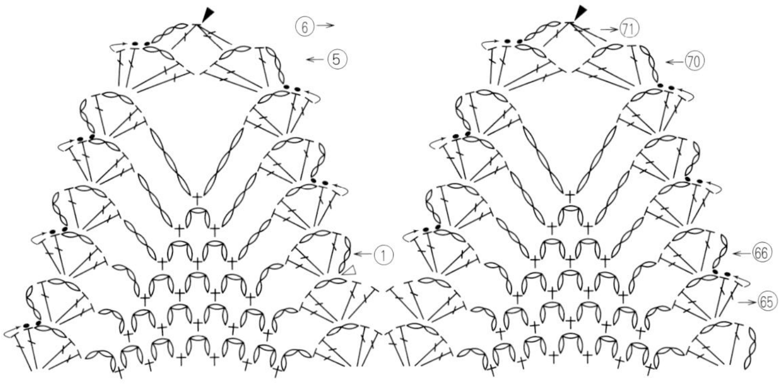

叶子 2片

编织起点
锁针（15针）

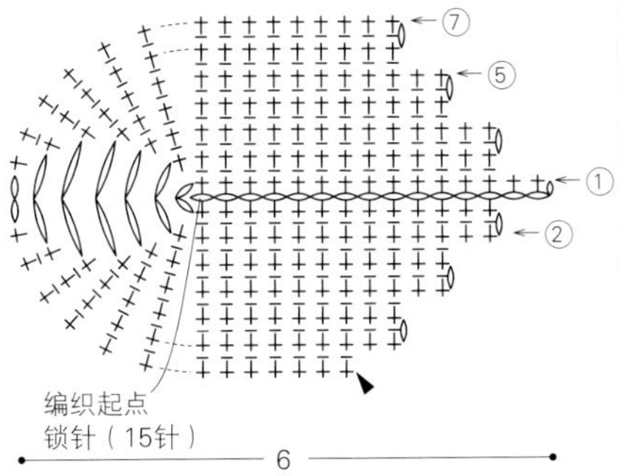

花朵

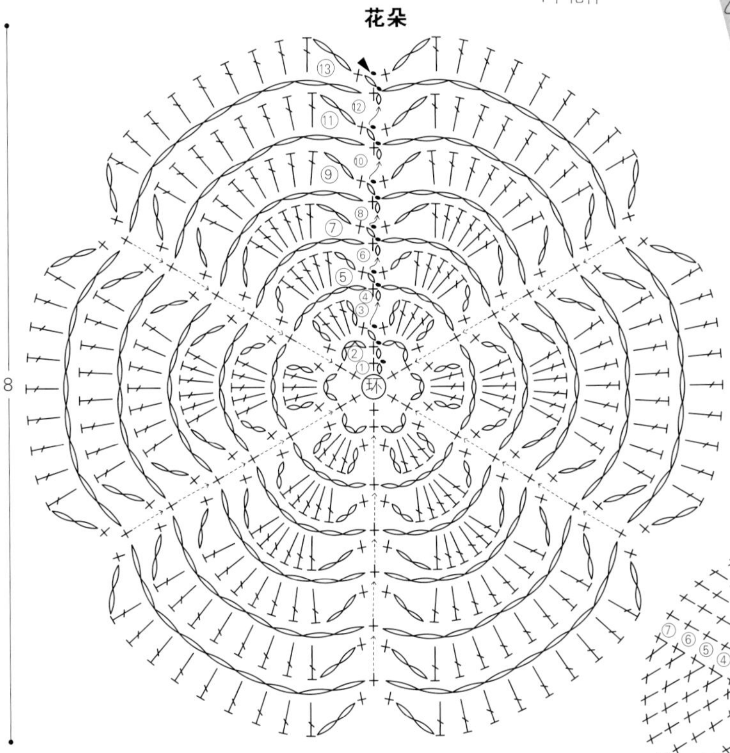

※第4、6、8、10、12行的短针，是挑取
　前2行的短针的头部钩织的。

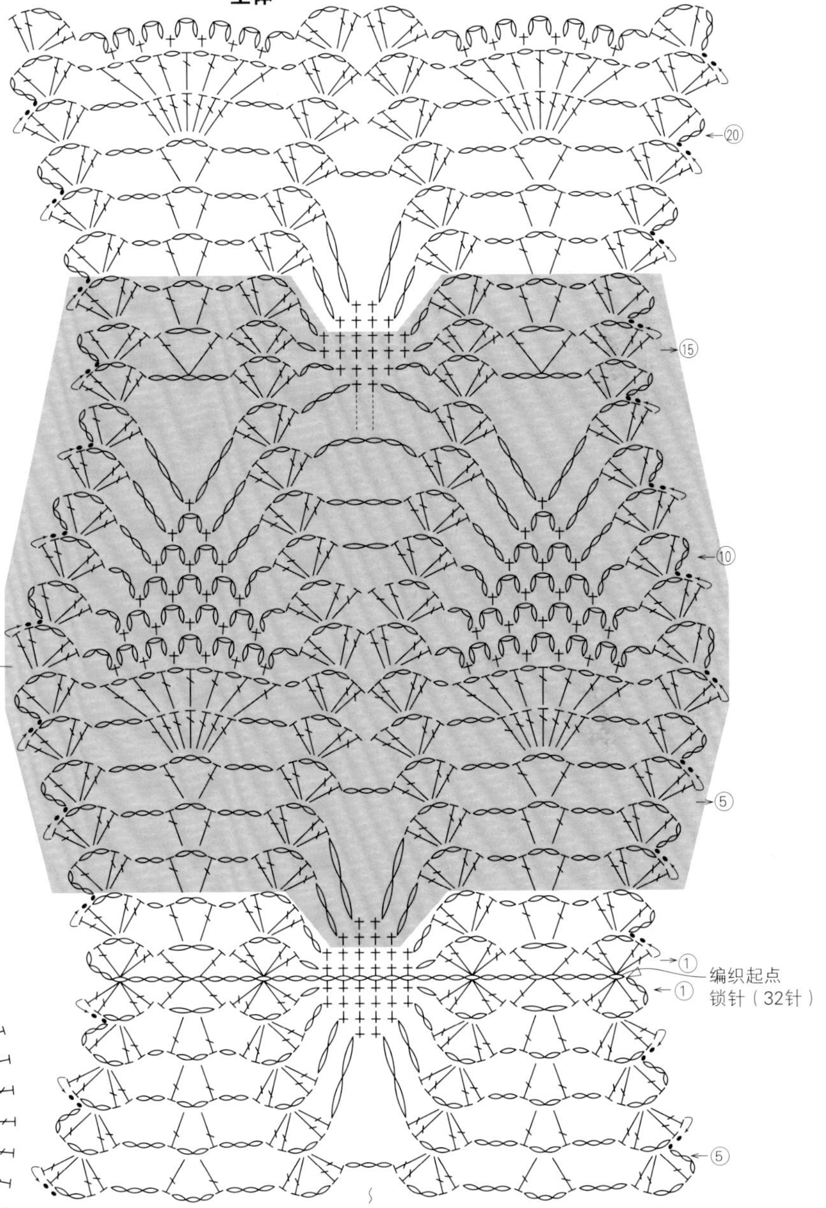

主体

编织花样
框内32针14行为
1个花样

编织起点
锁针（32针）

底座

▷ = 加线
► = 剪线
⌐ = 渡线

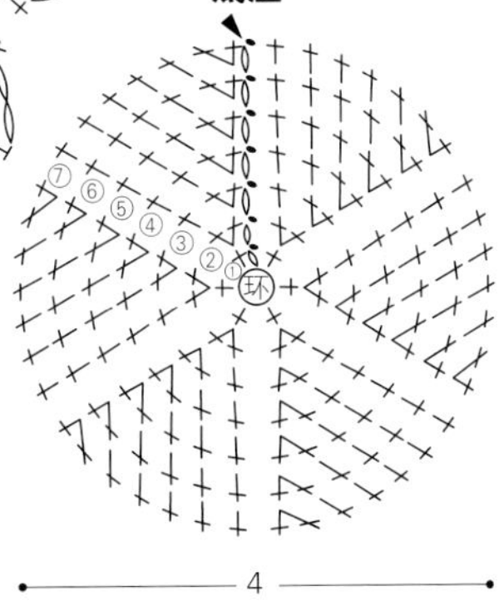

装饰用别针的组合方法
（正面）　　（反面）

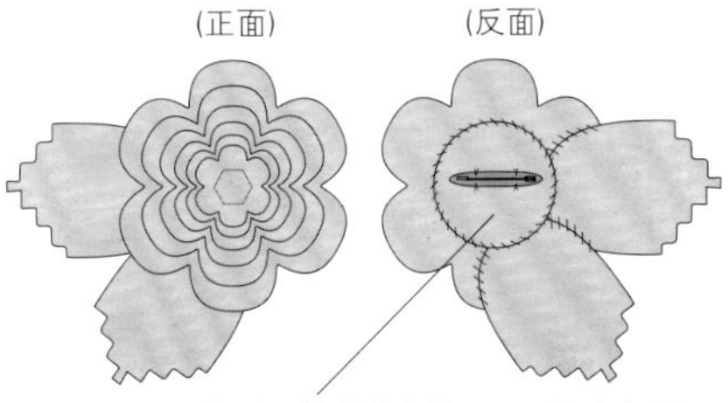

将叶子缝在花朵的反面，再在上面
放上底座、别针，将其缝合在一起

93

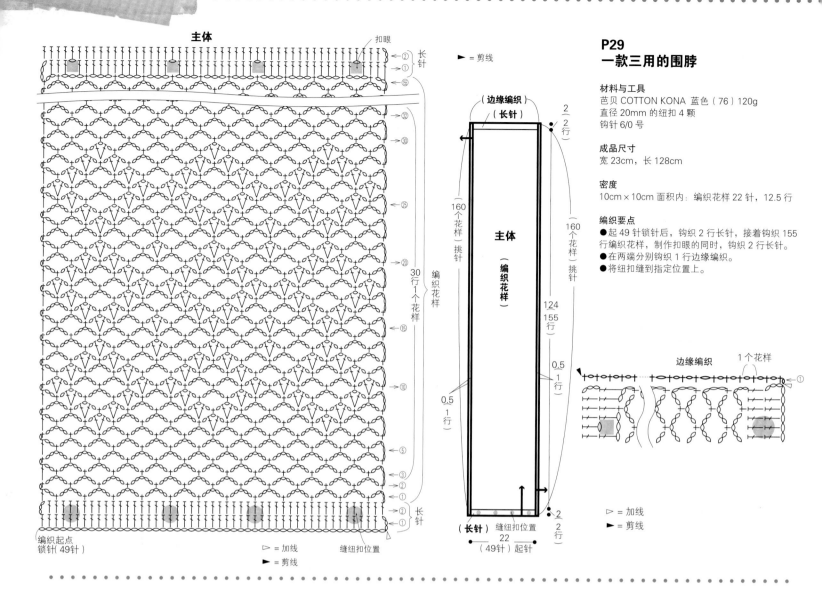

P29

一款三用的围脖

材料与工具

芭贝 COTTON KONA 蓝色（76）120g
直径 20mm 的纽扣 4 颗
钩针 6/0 号

成品尺寸

宽 23cm，长 128cm

密度

10cm×10cm 面积内：编织花样 22 针，12.5 行

编织要点

● 起 49 针锁针后，钩织 2 行长针，接着钩织 155 行编织花样，制作扣眼的同时，钩织 2 行长针。
● 在两端分别钩织 1 行边缘编织。
● 将纽扣缝到指定位置上。

▷ = 加线
► = 剪线

P42

褶皱饰边项链

材料与工具

奥林巴斯 PLUMERIA 浅蓝色系混合（1）10g，
TIARA 蓝绿色系混合（4）8g，金票 #18 蕾丝线 白色（801）7g
TOHO 大圆串珠 浅蓝色（PF2117)282 颗，长 40cm 的项链 1 条
钩针 4/0 号

成品尺寸

宽 6cm，长 30cm（织片尺寸）

编织要点

● 将串珠穿入白色线上备用。
● 主体起 49 针锁针，钩织 7 行条纹花样。
● 钩织完成第 1、2 行后，将其反面相对重叠，从重叠后的 2 行上一起挑针钩织第 3 行。在第 7 行编入串珠。边缘编织是在第 1、2 行的折线处插入钩针，钩织 1 行。
● 在主体第 1、2 行中间的环形部分中穿入项链。

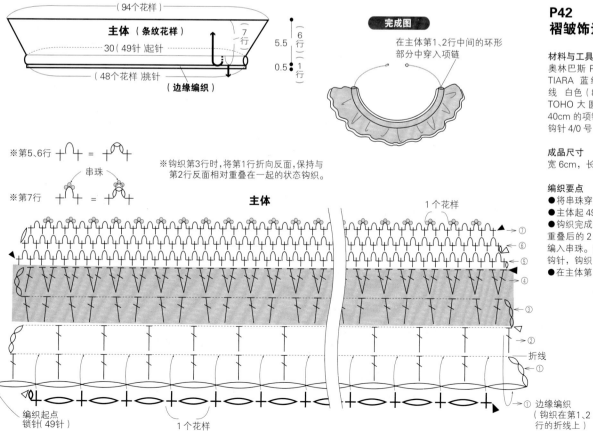

针数、配色表

行	针数	颜色
7行	94个花样	白色
6行	190个花样	白色
5行	191个花样	浅蓝色系混合
4行	192针	蓝绿色系混合
3行	97针	蓝绿色系混合
2行	49针	浅蓝色系混合
1行	49针	浅蓝色系混合
边缘编织	48个花样	白色

P44
发夹
发饰和耳环

发夹
DARUMA 带有金银丝线的蕾丝线 粉色（5）5g
长 6cm 的发卡底托 1 个，TOHO 大圆串珠 橘红
色（#50）180 颗、浅粉色（#126）108 颗
蕾丝针 4 号

耳环
DARUMA 带有金银丝线的蕾丝线 黑色（3）1g
环形耳针 1 组，TOHO 大圆串珠 彩虹色（#245）
72 颗、透明（#1066）72 颗
蕾丝针 4 号

发饰
DARUMA 带有金银丝线的蕾丝线 金色（1）3g
环形橡皮筋 1 个，TOHO 大圆串珠 米色（#123D）
108 颗、白色（#51F）36 颗
蕾丝针 4 号

成品尺寸
参见图示

编织要点
● 花朵 A、花朵 B 均在编织之前，按照从编织终
点向编织起点的顺序，将串珠一颗颗地穿到线上。
发夹
● 花朵 A、花朵 B 均参照图示，在钩织的同时编
入串珠，分别钩织所需要的行数。
● 参照图示，将花朵 A、花朵 B 连接到发夹底托
上。
耳环
● 参照图示钩织花朵 B，在钩织的同时编入串珠，
钩织 4 行。
● 参照图示，将花朵 B 连接到耳针上。
发饰
● 参照图示钩织花朵 A，在钩织的同时编入串珠，
钩织 6 行。
● 底座是环形起针，钩织 1 行长针。
● 参照图示，将花朵 A 与橡皮筋和底座缝合在一
起。

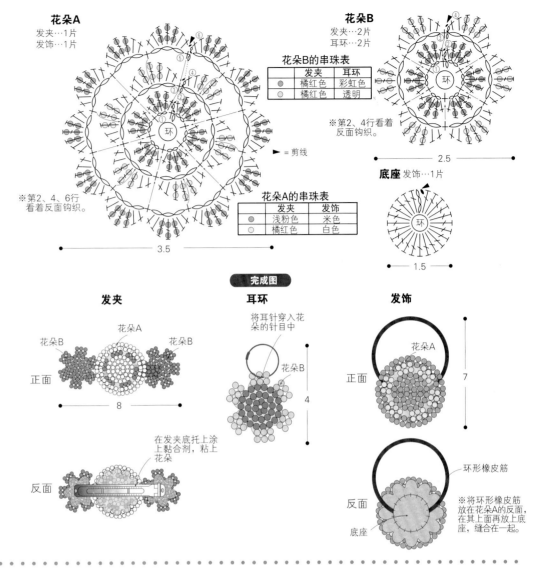

花朵**A**
发夹…1 片
发饰…1 片

花朵**B**
发夹…2 片
耳环…2 片

花朵B的串珠表

	发夹	耳环
●	橘红色	彩虹色
○	橘红色	透明

※第2、4行看着
反面钩织。

▶ = 剪线

※第2、4、6行
看着反面钩织。

花朵A的串珠表

	发夹	发饰
●	浅粉色	米色
○	橘红色	白色

底座 发饰…1 片

完成图

发夹

花朵A
花朵B　　　　花朵B
正面
反面
在发夹底托上涂
上黏合剂，粘上
花朵
8

耳环

将耳针穿入花
朵的针目中
花朵B
4

发饰

花朵A
正面
反面
7
环形橡皮筋
底座
※将环形橡皮筋
放在花朵A的反面，
在其上面再放上底
座，缝合在一起。

P42
华丽的发圈

材料与工具
奥林巴斯 PLUMERIA 紫色系混合（2）12g，
TIARA 黑色系混合（8）10g，金票 #18 蕾丝
线 白色（801）8g
TOHO 大圆串珠 黑色（#49）780 颗、宽 8mm 的
扁平橡皮筋适量（约为手腕一周的长度）
钩针 4/0 号

成品尺寸
直径 13cm

编织要点
● 将串珠穿入白色线上备用。
● 主体起 65 针锁针后，钩织 6 行条纹花样。钩
织完成第 1、2 行后，将其反面相对折叠，从重
叠后的 2 行上一起挑针钩织第 3 行。在第 6 行编
入串珠。
● 在主体第 1、2 行中间的环形部分中穿入扁平
橡皮筋，将橡皮筋的两端缝合。

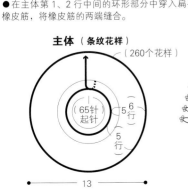

主体（条纹花样）
（260 个花样）
65针
起针
6
行
5
行
5
行
13

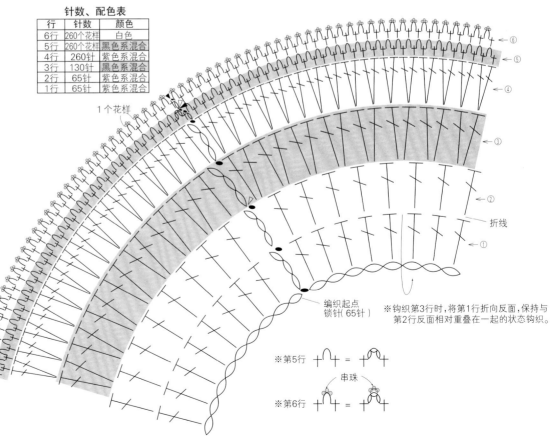

针数、配色表

行	针数	颜色
6行	260个花样	白色
5行	260个花样	黑色系混合
4行	260针	紫色系混合
3行	130针	黑色系混合
2行	65针	紫色系混合
1行	65针	紫色系混合

1 个花样

编织起点
锁针（65针）

折线

※钩织第3行时，将第1行折向反面，保持与
第2行反面相对重叠在一起的状态钩织。

※第5行

※第6行
串珠

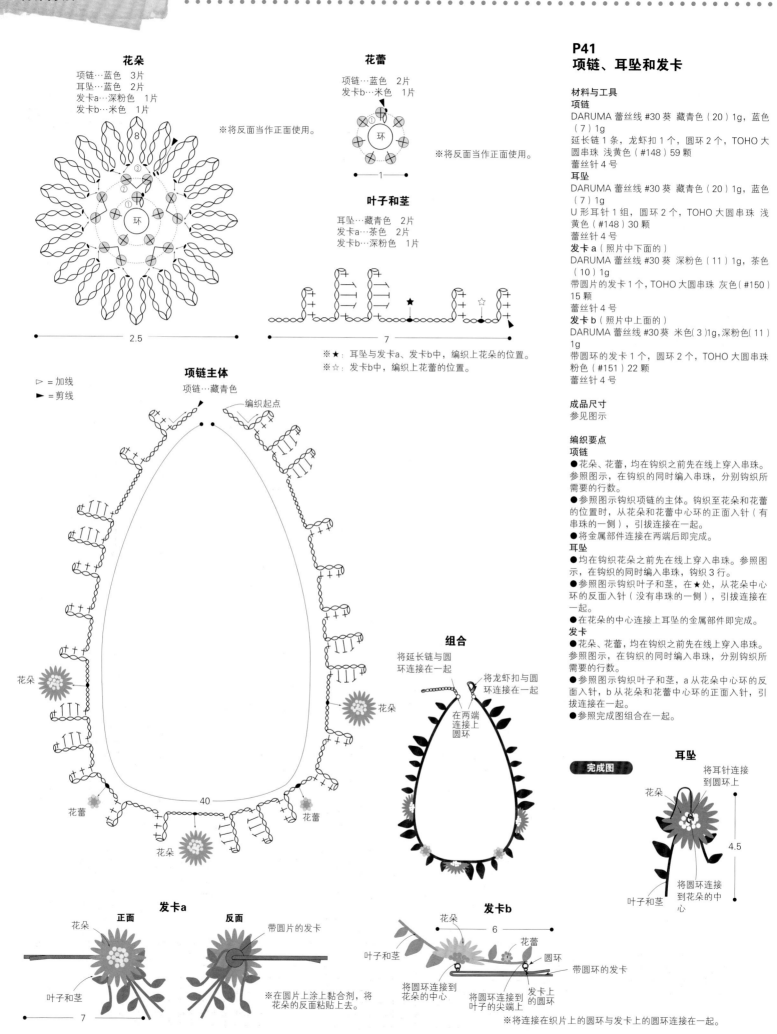

花朵

项链…蓝色　3片
耳坠…蓝色　2片
发卡a…深粉色　1片
发卡b…米色　1片

※将反面当作正面使用。

花蕾

项链…蓝色　2片
发卡b…米色　1片

※将反面当作正面使用。

叶子和茎

耳坠…藏青色　2片
发卡a…茶色　2片
发卡b…深粉色　1片

2.5

7

▷ = 加线
► = 剪线

※ ★：耳坠与发卡a、发卡b中，编织上花朵的位置。
※ ☆：发卡b中，编织上花蕾的位置。

项链主体

项链…藏青色

编织起点

40

花朵
花朵
花蕾
花蕾
花朵

组合

将延长链与圆环连接在一起

将龙虾扣与圆环连接在一起

在两端连接上圆环

发卡a

正面　　反面

花朵

叶子和茎

※在圆片上涂上黏合剂，将花朵的反面粘贴上去。

带圆片的发卡

7

发卡b

花朵
花蕾
叶子和茎
圆环
带圆环的发卡

6

将圆环连接到花朵的中心
将圆环连接到叶子的尖端上
发卡上的圆环

※将连接在织片上的圆环与发卡上的圆环连接在一起。

P41
项链、耳坠和发卡

材料与工具

项链
DARUMA 蕾丝线 #30 葵 藏青色（20）1g，蓝色（7）1g
延长链1条，龙虾扣1个，圆环2个，TOHO 大圆串珠 浅黄色（#148）59颗
蕾丝针4号

耳坠
DARUMA 蕾丝线 #30 葵 藏青色（20）1g，蓝色（7）1g
U形耳针1组，圆环2个，TOHO 大圆串珠 浅黄色（#148）30颗
蕾丝针4号

发卡a（照片中下面的）
DARUMA 蕾丝线 #30 葵 深粉色（11）1g，茶色（10）1g
带圆片的发卡1个，TOHO 大圆串珠 灰色（#150）15颗
蕾丝针4号

发卡b（照片中上面的）
DARUMA 蕾丝线 #30 葵 米色（3）1g，深粉色（11）1g
带圆环的发卡1个，圆环2个，TOHO 大圆串珠 粉色（#151）22颗
蕾丝针4号

成品尺寸
参见图示

编织要点
项链
● 花朵、花蕾，均在钩织之前先在线上穿入串珠。参照图示，在钩织的同时编入串珠，分别钩织所需要的行数。
● 参照图示钩织项链的主体。钩织至花朵和花蕾的位置时，从花朵和花蕾中心环的正面入针（有串珠的一侧），引拔连接在一起。
● 将金属部件连接在两端后即完成。

耳坠
● 均在钩织花朵之前先在线上穿入串珠。参照图示，在钩织的同时编入串珠，钩织3行。
● 参照图示钩织叶子和茎，在★处，从花朵中心环的反面入针（没有串珠的一侧），引拔连接在一起。
● 在花朵的中心连接上耳坠的金属部件即完成。

发卡
● 花朵、花蕾，均在钩织之前先在线上穿入串珠。参照图示，在钩织的同时编入串珠，分别钩织所需要的行数。
● 参照图示钩织叶子和茎，a从花朵中心环的反面入针，b从花朵和花蕾中心环的正面入针，引拔连接在一起。
● 参照完成图组合在一起。

完成图

耳坠

花朵

将耳针连接到圆环上

将圆环连接到花朵的中心

叶子和茎

4.5

P43
弹片口金包

材料与工具
奥林巴斯 EMMY GRANDE<HERBS> 绿色（273）
30g
TOHO 大圆串珠 黄绿色（#945）1710 颗，橘粉
色（#924）522 颗，绿色（#246）280 颗，弹
片口金（长14cm，宽1cm）1 组
钩针 2/0 号

成品尺寸
宽 15cm，深 11cm

密度
10cm×10cm 面积内：编织花样 30.5 针，32 行

编织要点
●在钩织之前，按照从编织终点向编织起点的顺
序，将串珠一颗颗地穿到线上。（★）
●起 33 针锁针后，参照图示，在钩织的同时编
入串珠，环形钩织 7 行包底、29 行主体。
●穿弹片口金的部分，前后分别往返钩织 13 行。
●出现串珠的一面作为正面，将穿弹片口金的部
分反面相对对折，在最后 1 行针目头部的内侧缝
合。穿入弹片口金，将两端的开口缝合。

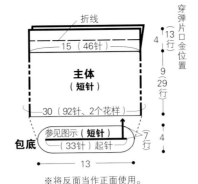

折线
15（46针）

主体
（短针）

30（92针、2个花样）

参见图示（短针）
（33针）起针

包底

13

穿弹片口金位置
13行
4
9（29行）
4
7行

※将反面当作正面使用。

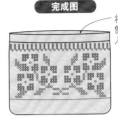

完成图

将穿弹片口金的部分，向内
侧折叠后卷针缝缝合，在穿
入弹片口金后，将两端缝合

串珠表

●	橘粉色
◎	绿色
○	黄绿色

► = 剪线

※主体第29行 ✝（在钩
织短针时，编入3颗串珠）的
短针，钩织在第27行上。

（★）由于串珠很多，故分为
包底~主体第8行、主体第9~29
行、穿弹片口金的部分共三个部
分钩织。从包底到主体第8行为
止，穿入396颗黄绿色串珠，进
行钩织，然后将线剪断。主体
第29行是138颗橘粉色串珠，
第28行是46颗绿色串珠，第27
行是92颗黄绿色串珠，从第26
行开始，参照图示按照从编织
终点向编织起点的顺序，依次
穿入7颗黄绿色、3颗橘粉色、
1颗黄绿色、3颗橘粉色、2颗
黄绿色、1颗绿色、13颗黄绿
色的串珠。这次穿的是两个花
样要用到的串珠，注意不要穿
错。

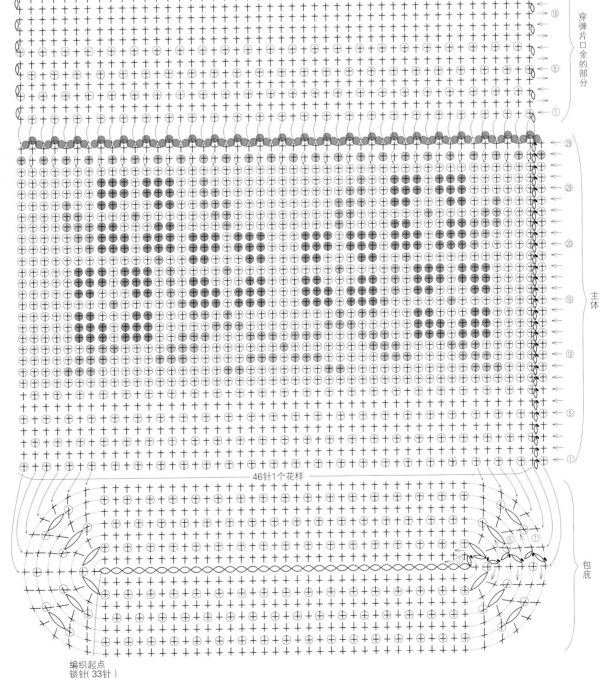

包底针数表

行	针数	
7行	92针	（+4针）
6行	88针	（+4针）
5行	84针	（+4针）
4行	80针	（+4针）
3行	76针	（+4针）
2行	72针	（+4针）
1行	68针	

46针1个花样

编织起点
锁针（33针）

穿弹片口金的部分

主体

包底

针数表

行	针数
21~42行	120针
20行	120针（+6针）
19行	114针（+6针）
18行	108针（+6针）
17行	102针（+6针）
16行	96针（+6针）
15行	90针（+6针）
14行	84针（+6针）
13行	78针（+6针）
12行	72针（+6针）
11行	66针（+6针）
10行	60针（+6针）
9行	54针（+6针）
8行	48针（+6针）
7行	42针（+6针）
6行	36针（+6针）
5行	30针（+6针）
4行	24针（+6针）
3行	18针（+6针）
2行	12针（+6针）
1行	6针

完成图

将口金缝在主体★部分上

（11针）剩余

（120针）

（49针）

（11针） ☆　☆ （11针）

（49针）

主体（短针）

参见图示

12

42行

18

※将反面当作正面使用。

P43
口金包

材料与工具
奥林巴斯 EMMY GRANDE<HERBS> 米色（721）
30g
TOHO 大圆串珠 米色（#182）2088 颗，粉色
（#959）702 颗，薄荷绿色（#975）384 颗，宽
10cm 的有断孔口金（茉莉花 F4310）1 个
钩针 2/0 号

成品尺寸
宽18cm，深12cm

编织要点
●在钩织之前，按照从编织终点向编织起点的顺序，将串珠一颗颗地穿到线上。（*）
●环形起针，参照图示，在钩织的同时编入串珠，钩织42行。留出指定数量的针目（☆）后，缝上口金。

主体

► =剪线

重复6次

☆（11针）

☆（11针）

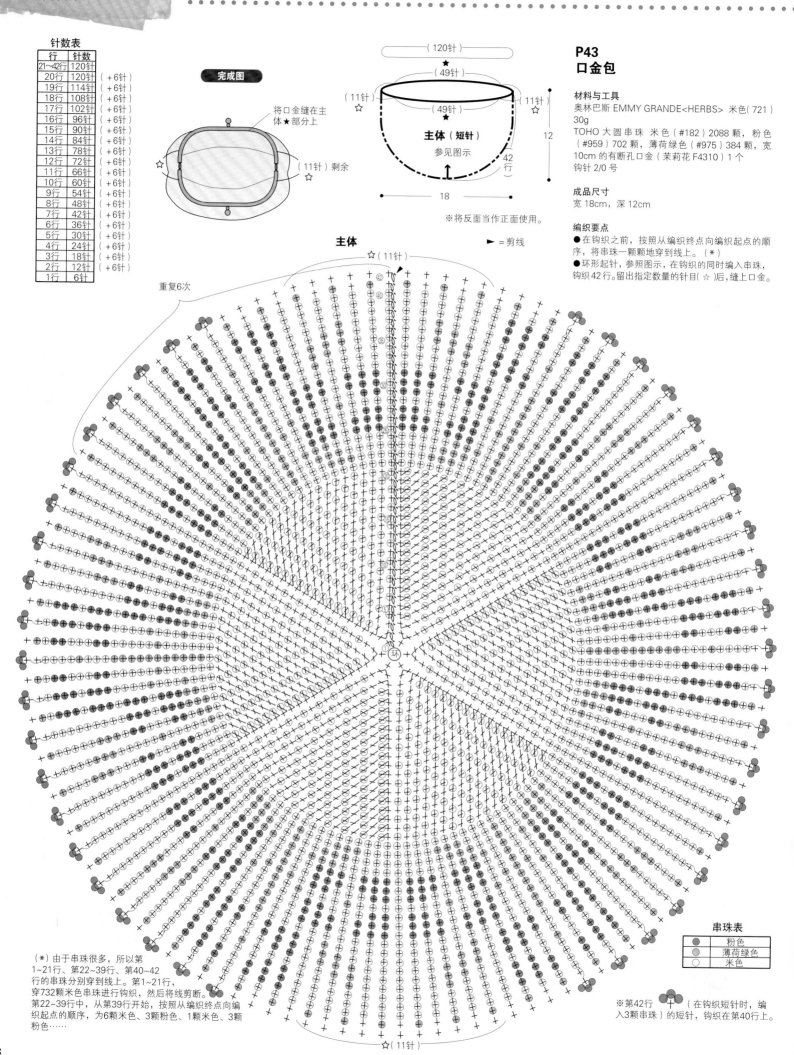

串珠表

●	粉色
◐	薄荷绿色
○	米色

（*）由于串珠很多，所以第
1~21行、第22~39行、第40~42行
行的串珠分别穿到线上。第1~21行，
穿732颗米色串珠进行钩织，然后将线剪断。
第22~39行中，从第39行开始，按照从编织终点向编织起点的顺序，为6颗米色、3颗粉色、1颗米色、3颗粉色……

※第42行 ✛ （在钩织短针时，编入3颗串珠）的短针，钩织在第40行上。

P45
多用装饰链

材料与工具

粉色系

DARUMA 蕾丝线 #30 葵 浅粉色（3）1g

MIYUKI 水滴形串珠 白色（#DP528）112 颗，
小圆串珠 绿色（#4215）46 颗，特大串珠 粉色
（#4209）11 颗

蕾丝针 4 号

蓝色系

DARUMA 蕾丝线 #30 葵 浅粉色（3）1g

MIYUKI 水滴形串珠 白色（#DP528）112 颗，
小圆串珠 银色（#4201）46 颗，特大串珠 蓝色
（#4216）11 颗

蕾丝针 4 号

成品尺寸

长 98cm

编织要点

●在钩织之前，按照从编织终点向编织起点的顺
序，将串珠一颗颗地穿到线上后开始钩织。参照
图示，在钩织的同时编入串珠。花朵参照 45 页
钩织。

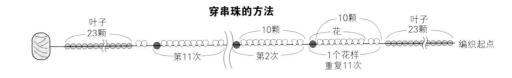

穿串珠的方法

串珠表

串珠		粉色系	蓝色系
●	（特大）	粉色	蓝色
○	（小圆）	绿色	银色
▽	（水滴形）	白色	白色

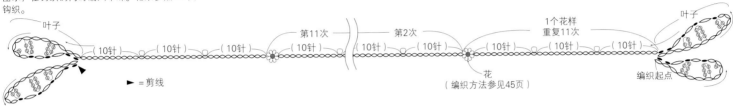

98

P49
圆点花样的山形口金眼镜袋

材料与工具

WISTER 水洗棉线 白色（1）40g，粉色（7）、
蓝色（8）各 10g，浅紫色（4）、紫红色（6）
各 5g

口金（眼镜形）S 18cm×6cm 1 个

钩针 3/0 号

成品尺寸

宽 21cm，深 10.5cm

密度

10cm×10cm 面积内：短针、短针的条纹针的
加入花样均为 28.5 针，22 行

编织要点

●袋底起 50 针锁针后，参照图示，一边加针一
边钩织 4 行短针。接着，无须加减针，钩织主体
的 16 行短针的条纹针的加入花样，将线剪断。
在指定的位置加线，剩下的 6 行前、后分别使用
短针钩织。最后在袋口处环形钩织 1 行边缘编织。

●参照完成图固定口金。

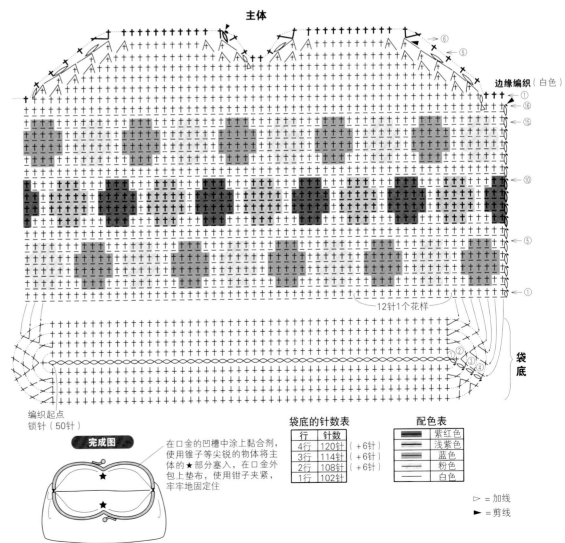

主体

边缘编织（白色）

12针1个花样

编织起点
锁针（50针）

袋底

袋底的针数表

行	针数	
4行	120针	(+6针)
3行	114针	(+6针)
2行	108针	(+6针)
1行	102针	

配色表

▬	紫红色
▬	浅紫色
▬	蓝色
▬	粉色
—	白色

▷ = 加线

► = 剪线

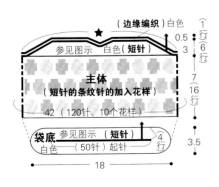

完成图

在口金的凹槽中涂上黏合剂，
使用锥子等尖锐的物体将主体
的★部分塞入，在口金外
包上垫布，使用钳子夹紧，
牢牢地固定住

99

方眼针

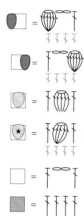

P23
方眼针的小饰垫

材料与工具
DMC CEBELIA #20 原白色（ECRU）22g
蕾丝针 4 号

成品尺寸
21cm×21cm

编织要点
●起 106 针锁针，参照图示钩织长针的方眼针和
5 针、6 针长针的爆米花针。
●在四周钩织 1 行边缘编织。

边缘编织

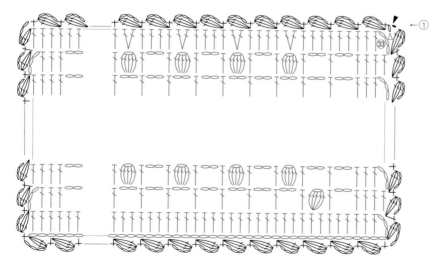

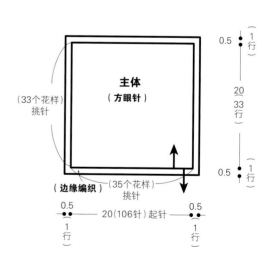

▷ = 加线
► = 剪线

P23
花片相连的典雅台心垫

材料与工具
芭贝 COTTON KONA FINE 灰褐色（340）40g
钩针 2/0 号

成品尺寸
宽 19.5cm，长 49cm

密度
花片 7cm×7cm

编织要点
●环形起针后，参照图示钩织 5 行。
●从第 2 片开始，在最后 1 行与其他花片钩织连接在一起。

主体（花片连接）

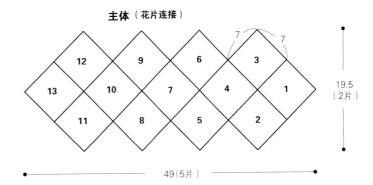

19.5
（2片）

49（5片）

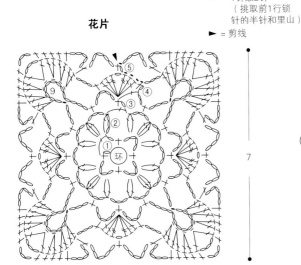

= 长针的条纹针
1针放2针
（挑取前1行锁针的半针和里山）

► = 剪线

花片

花片的连接方法

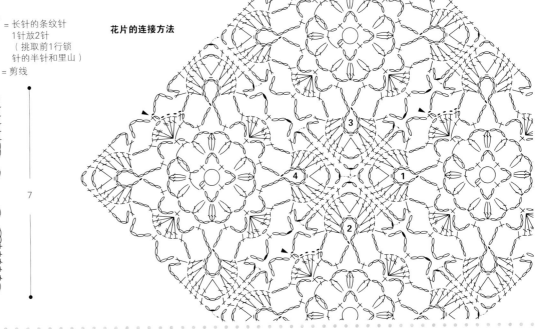

P24
扁平小包

材料与工具
可乐 小小手工 法国亚麻线 淡粉红色（79-828）20g
直径 1cm 的纽扣 1 颗
钩针 2/0 号

成品尺寸
宽 12.5cm，深 9.5cm

密度
长针：10cm 为 33 针，9.5cm 为 14 行

编织要点
●起 41 针锁针后，开始钩织长针。
●钩织 28 行长针（主体）后，接着钩织 14 行编织花样（包盖）。在钩织最后 1 行的同时，钩织扣襻。
●将长针部分反面相对对折，在针目与针目之间挑针，钩织边缘编织。
●缝上纽扣。

锁针（6针）
※参见图示

扣襻

包盖
（编织花样）
（5个花样）

主体
（长针）

折线

8（14行）
9.5（14行）
9.5（14行）

12.5
（41针）起针

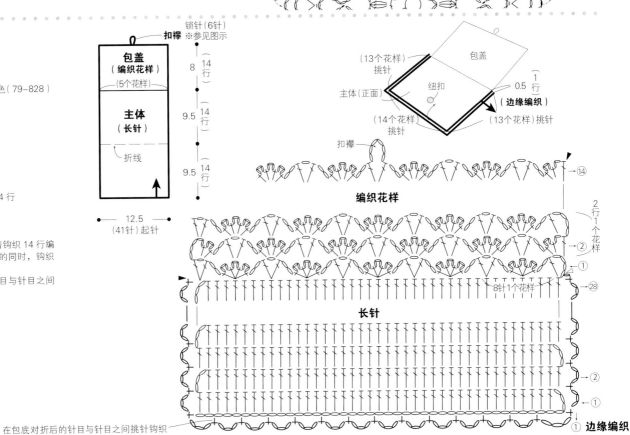

（13个花样）挑针
包盖
纽扣
主体（正面）
0.5（1行）
（边缘编织）
（14个花样）挑针
（13个花样）挑针
扣襻

编织花样

2行1个花样

8针1个花样

长针

28

在包底对折后的针目与针目之间挑针钩织

① 边缘编织

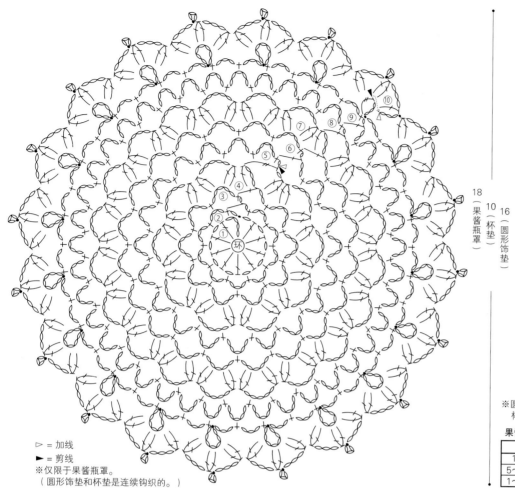

▷ = 加线
► = 剪线
※仅限于果酱瓶罩。
（圆形饰垫和杯垫是连续钩织的。）

18
（果酱瓶罩）
10
（杯垫）
16
（圆形饰垫）

P22
圆形饰垫

材料与工具
圆形饰垫
和麻纳卡 WASH COTTON<CROCHET> 原白色
（102）10g
钩针 3/0 号
杯垫
和麻纳卡 WASH COTTON<CROCHET> 蓝绿色
（126）5g
钩针 3/0 号
果酱瓶罩
和麻纳卡 FLAX C 紫色（5）5g，原白色（1）4g
钩针 3/0 号

成品尺寸
圆形饰垫：直径 16cm
杯垫：直径 10cm
果酱瓶罩：直径 18cm

编织要点
●环形起针后参照图示钩织。圆形饰垫、果酱瓶
罩钩织至第 10 行，杯垫钩织至第 7 行。其中，
果酱瓶罩钩织至中间位置时换线。

※圆形饰垫和果酱瓶罩钩织至第10行，
杯垫钩织至第7行。

果酱瓶罩的配色

行	颜色
10行	原白色
5~9行	紫色
1~4行	原白色

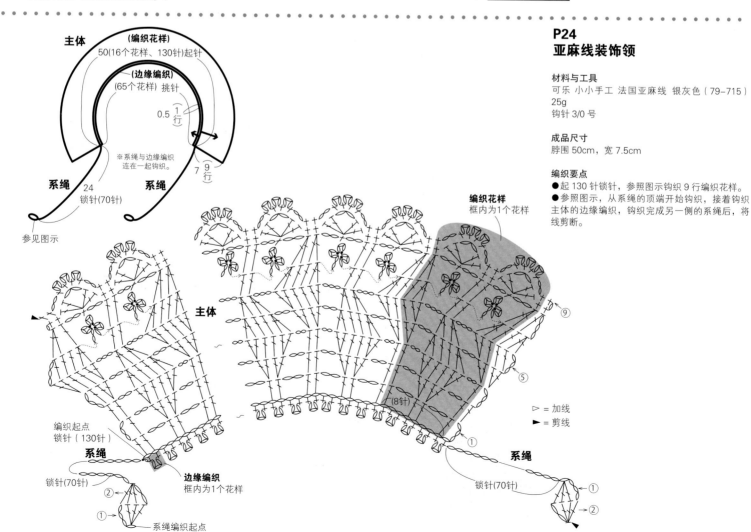

P24
亚麻线装饰领

材料与工具
可乐 小小手工 法国亚麻线 银灰色（79-715）
25g
钩针 3/0 号

成品尺寸
脖围 50cm，宽 7.5cm

编织要点
●起 130 针锁针，参照图示钩织 9 行编织花样。
●参照图示，从系绳的顶端开始钩织，接着钩织
主体的边缘编织，钩织完成另一侧的系绳后，将
线剪断。

P25
美丽的饰边

材料与工具
a：DMC CEBELIA #20 米色（739）11g
蕾丝针 4 号
b：可乐 小小手工 法国亚麻线 白色（79-619）
14g
蕾丝针 2 号
c：DMC BABYLO #10 原白色（ECRU）、粉色
（224）各 3g
蕾丝针 2 号
d：DARUMA 蕾丝线 #30 葵 原白色（2）20g
蕾丝针 4 号

密度
a：1 个编织花样 宽约 1.2cm，高约 2.5cm
b：1 个编织花样 宽约 1.5cm，高约 1.2cm
c：1 个编织花样 宽约 2cm，高约 0.8cm
d：1 个编织花样 宽约 2.7cm，高约 2.3cm

编织要点
●在布上按照指定的间距，使用锥子打孔备用（除 a 之外）。
a
●利用手绢抽绣的孔，在布上钩织引拔针备用。
●挑取引拔针的半针，钩织第 1 行。
●第 2 行反方向钩织。
b
●在钩针上起针后，无须立织锁针，直接开始钩织短针。
c
●使用原白色线在钩针上起针后，无须立织锁针，直接开始钩织短针。钩织完成狗牙针与 9 针锁针后，休针，放在前面。
●接着，使用粉色线在钩针上起针后，无须立织锁针，直接开始钩织短针。钩织完成狗牙针与 9 针锁针后，休针，放在前面。
●将刚钩好的粉色线的锁针放在前面，使用原白色线钩织接下来的狗牙针和 9 针锁针，休针。将刚钩好的原白色线的锁针放在前面，使用粉色线钩织接下来的狗牙针和 9 针锁针，休针。重复以上的过程。
d
●在钩针上起针后，无须立织锁针，直接开始钩织短针。

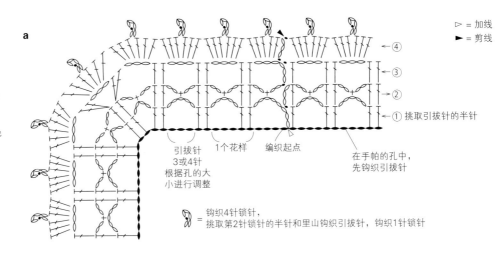

▷ = 加线
► = 剪线

引拔针
3 或 4 针
根据孔的大
小进行调整

1 个花样　编织起点

在手帕的孔中，
先钩织引拔针

① 挑取引拔针的半针

= 钩织 4 针锁针，
挑取第 2 针锁针的半针和里山钩织引拔针，钩织 1 针锁针

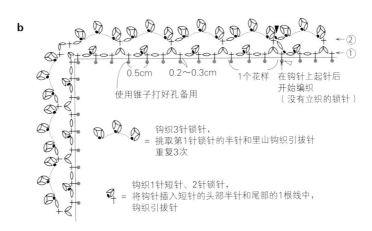

0.5cm　0.2~0.3cm　1 个花样　在钩针上起针后
开始编织
（没有立织的锁针）

使用锥子打好孔备用

= 钩织 3 针锁针，
挑取第 1 针锁针的半针和里山钩织引拔针
重复 3 次

= 钩织 1 针短针、2 针锁针，
将钩针插入短针的头部半针和尾部的 1 根线中，
钩织引拔针

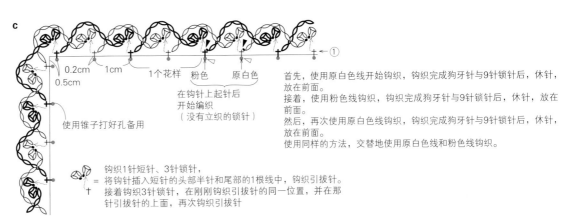

0.2cm　1cm　1 个花样　粉色　原白色

0.5cm

在钩针上起针后
开始编织
（没有立织的锁针）

使用锥子打好孔备用

首先，使用原白色线开始钩织，钩织完成狗牙针与 9 针锁针后，休针，放在前面。
接着，使用粉色线钩织，钩织完成狗牙针与 9 针锁针后，休针，放在前面。
然后，再次使用原白色线钩织，钩织完成狗牙针与 9 针锁针后，休针，放在前面。
使用同样的方法，交替地使用原白色线和粉色线钩织。

= 钩织 1 针短针、3 针锁针，
将钩针插入短针的头部半针和尾部的 1 根线中，钩织引拔针。
† 接着钩织 3 针锁针，在刚刚钩织引拔针的同一位置，并在那
针引拔针的上面，再次钩织引拔针

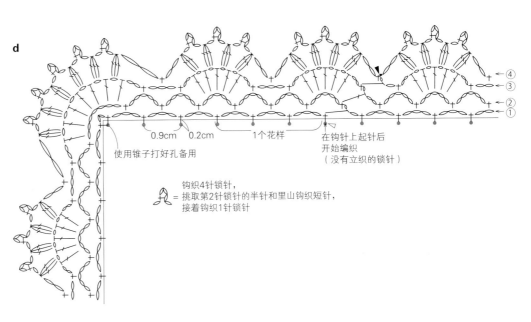

0.9cm　0.2cm　1 个花样　在钩针上起针后
开始编织
（没有立织的锁针）

使用锥子打好孔备用

= 钩织 4 针锁针，
挑取第 2 针锁针的半针和里山钩织短针，
接着钩织 1 针锁针

KNIT MARCHE vol.17（NV80398）

Copyright ©NIHON VOGUE-SHA 2014 All rights reserved.

Photographers: MIYUKI TERAOKA,YUKARI SHIRAI,NORIAKI MORIYA,

KANA WATANABE,YUKI MORIMURA

Original Japanese edition published in Japan by NIHON VOGUE CO., LTD.,

Simplified Chinese translation rights arranged with BEIJING BAOKU INTERNATIONAL

CULTURAL DEVELOPMENT Co., Ltd.

日本宝库社授权河南科学技术出版社在中国大陆独家出版发行本书中文简体字版本。

版权所有，翻印必究

著作权合同登记号：图字16—2014—192

图书在版编目（CIP）数据

青春派的春夏时尚小物 / 日本宝库社编著；风随影动译. —郑州 ： 河南科学技术出版
社，2015.5
　　（编织大花园；2）
　　ISBN 978-7-5349-7707-7

Ⅰ.①青… Ⅱ.①日… ②风… Ⅲ.①手工编织—图解 Ⅳ.①TS935.5-64

中国版本图书馆CIP数据核字(2015)第073530号

出版发行：河南科学技术出版社
　　　　　地址：郑州市经五路66号　　邮编：450002
　　　　　电话：（0371）65737028　　65788613
　　　　　网址：www.hnstp.cn
策划编辑：刘　欣
责任编辑：梁　娟
责任校对：耿宝文
封面设计：张　伟
责任印制：张艳芳
印　　刷：北京盛通印刷股份有限公司
经　　销：全国新华书店
幅面尺寸：235 mm×297 mm　　印张：6.5　　字数：160千字
版　　次：2015年5月第1版　　2015年5月第1次印刷
定　　价：39.80元

如发现印、装质量问题，影响阅读，请与出版社联系并调换。